항공기관 실습

정연학 · 이병은 지음

KM 경문사

PREFACE

본 교재는 항공 분야에 입문하는 대학생들의 항공기 엔진에 대한 실무 지식을 습득하는 데 도움을 주고자 저술하였다. 특히 항공기관 기초 실습교재로써 항공산업기사와 항공정비사 자격 취득을 위한 실기시험에 실질적인 도움이 될 수 있도록 노력하였다. 이를 위해 항공산업기사 및 항공정비사 실기시험의 출제기준을 충족할 수 있도록 하였으며, 항공기관 실습에 대한 안전사항 및 자격시험 대비 정비일반 분야도 수록하였다. 아울러 항공 분야 대학 및 전문대학에서 항공기관 실습 강의용 교재로 활용 가능하도록 하였으며, J47 가스터빈엔진, J85 가스터빈엔진, TSIO-360 왕복엔진, O-470 왕복엔진을 실습 대상 엔진으로 선정하여 저술하였다. 특히 본 교재의 J47 가스터빈엔진과 J85 가스터빈엔진에 대한 설명은 다년간의 실제적인 정비 경험과 제작회사 매뉴얼을 바탕으로 최대한 정확하게 기술하려고 노력하였다. 따라서 국내 각 교육기관에 구비되어 있는 J47 가스터빈엔진과 J85 가스터빈엔진에 대한 교육자료로 활용도가 높을 것으로 판단된다.

항공기관 실습교육에 대한 이해도 증진을 위해서 다양한 사진을 바탕으로 쉽게 이해할 수 있도록 설명하려고 노력하였다. 그러나 국내에 항공기관 실습 교육에 관련된 참고 서적이 매우 제한적이고, 일부 분야에서는 기술자료 확보 또한 부족하여 약간의 미비점이 있을 것으로 판단된다. 향후 지속적인 보완을 통하여 최고의 항공기관 실습지침서가 될 수 있도록 노력할 것을 다짐한다.

마지막으로 본 교재의 출판에 큰 관심을 보여주시고 원활하게 출판이 될 수 있도록 수고해 주신 경문사 관계자 모든 분들에게 깊은 감사를 드린다.

2020년 7월

저자

제 1 장

항공정비 수칙

제 2 장

왕복엔진 부품 명칭

CONTENTS

제 3 장

측정기 및 공구 사용법

제 4 장

왕복엔진 실린더 장탈/장착

제 5 장

왕복엔진 실린더 내경 측정

제 6 장

왕복엔진 밸브스프링 압축시험

제 7 장

왕복엔진 밸브간극 측정 및 조절

제 8 장

왕복엔진 피스톤링 간극 측정

제 9 장

실린더 압축시험

제 10 장

왕복엔진 마그네토 점화시기 조절

CONTENTS

제 11 장

왕복엔진 스파크플러그 세척 및 시험

제 12 장

J47 Gas Turbine

제 13 장

J85 Gas Turbine

제 14 장

J47 엔진 연료노즐 장탈/장착

제 15 장

J47 엔진 연소기 장탈/장착

제 16 장

J47 엔진 연소기 분해 및 조립

제 17 장

J47 엔진 오일쿨러 바이패스밸브 장탈/장착

CONTENTS

제 18 장

보어스코프 검사

제 19 장

액체침투 탐상검사

제 20 장

항공기 정비 일반

제1장

항공정비 수칙

1.1 일반사항

항공정비 교범에는 "경고", "주의", "주"로 표시하여 작업에 대한 사전 정보를 알려주는 내용이 있다. 이들의 의미는 매우 중요하다. 해당 작업 교범을 이용하는 작업자는 그 내용을 완전히 숙지한 다음 작업을 수행해야 한다.

경고(WARNING): 만약 엄격히 관찰하지 않을 경우 작업자가 다치거나 생명을 잃을 수 있는 절차나 실행 등을 가리키는 것이다.

주의(CAUTION): 만약 엄격히 관찰하지 않을 경우 장비의 손상이나 파손을 가져올 수 있는 절차나 실행 등을 가리키는 것이다

주(NOTE): 정확한 정비를 보증하기 위해 기본절차 중에서 중요시되는 내용을 가리키는 것이다.

1.2 작업수칙

1) 항상 작업절차를 완전히 읽고 이해하도록 하며, 문제가 있으면 작업을 중단하고 정확한 내용을 확인한 다음에 작업을 계속한다. 재작업이나 부품손상을 가져오는 것보다는 좋은 방법이다.
2) 정확한 규격의 공구나 장비를 사용하여 부품에 손상을 주지 않도록 한다.
3) 공구나 정비용 장비를 항공기 또는 엔진에 올려놓거나 근처에 놓고 작업하지 않는다. 사용 후에는 모든 공구가 있는지 수량을 파악한다.
4) 연결부를 분해 또는 결합하기 전에 피팅(fitting)의 오염물질을 세척한다.
5) 엔진오일은 페인트를 녹이거나 옷에 얼룩을 만들 수 있다. 페인트 면에 엔진오일이 떨어졌을 때는 즉시 닦는다.
6) 악세사리, 튜브, 호스 등의 내부에는 오일이나 연료가 들어 있으므로 장탈할 때 연료나 오일을 배출(drain)시키고 모든 연결부위를 캡으로 막는다.
7) 조립이나 분해 시 안전결선 철사 조각이나 볼트, 와셔 또는 기타물질이 엔진 부품의 내부에 들어가지 않도록 극히 주의한다. 만약 어떤 물질이 엔진 부품의 내부에 들어갔다면 작업을 중단하고 제거한다.

8) 냉각이나 세척, 건조 과정에서 압축공기를 이용할 때는 노즐에서의 압력이 30 psi를 초과하지 않도록 한다. 압축공기로 날리는 액체나 큰 입자에 눈을 다칠 경우 영구히 시력을 잃을 수 있으며, 날리는 입자나 솔벤트를 호흡할 경우 폐를 손상시킬 수 있다.
9) 필터 엘레멘트 세척 시 과도한 압축공기를 사용하지 않도록 한다. 압축공기의 압력이 지나치게 높으면 필터를 손상시킬 수 있다.
10) 어떤 부품을 장착하기 앞서 시각으로 점검해야 하고 문제점이 발견되면 수정조치를 할 수 있도록 보고해야 한다.
11) 작업절차에 아무런 언급이 없다면 모든 기어나 저널은 장착 전에 해당 엔진의 윤활유를 바르도록 한다.
12) 최종 조립에 앞서 모든 접촉 플랜지를 검사하고 거친 금속 면은 미세한 연마제로 제거한다.
13) 최종 조립에 앞서 모든 동공이나 열린 곳에 외부 이물질이 없는지 검사한다.
14) 전기 커넥터 장착절차를 준수하지 않으면 커넥터가 손상될 수 있으며 내부에 습기가 포함되어 누전이 발생할 수 있다.
15) 모든 결합되는 부품의 부품번호 및 꼬리표를 확인한다.
16) 부품에 장착된 모든 덮개와 캡은 제거가 필요할 때까지 유지한다.
17) 엔진에 규정된 오일을 공급한다. 오염된 엔진오일은 엔진의 사용수명을 단축시킨다.
18) 오일탱크에 오일을 보급한 후에는 일지에 보급한 오일의 량과 날짜를 기록한다.

1.3 기본 작업수칙

1.3.1 청결

1) 실습장은 깨끗하고 오염물질이나 외래물질이 없도록 유지되어야 한다. 실습장이나 공구박스에 작은 FOD(Foreign Object Damage) 용기를 비치하는 것이 좋다.
2) 모든 부품들은 장착하기 전에 청결 상태를 검사해야 한다.
3) 개스킷이나 O-링은 오염물질이나 천 보풀 또는 가루 등이 묻지 않아야 한다.
4) 맞닿는 면, 튜브 플랜지, 커플링 등은 양호한 상태로 밀폐될 수 있도록 깨끗이 닦아야 한다.

5) 기계가공된 면을 취급할 때는 손이나 장갑이 깨끗해야 한다.
6) 정비를 수행하는 동안 엔진에 공구나 부품을 올려놓지 말아야 한다.
7) 정비를 수행한 후에는 흘린 부품이나 걸레, 공구 및 자재 등이 없는지 작업장을 철저히 검사하고 모래, 오물, 쇳조각, 안전결선 철사 조각 등 기타 어떤 작은 물건이라도 떨어져 있지 않도록 깨끗이 청소해야 한다.

1.3.2 재사용 금지 품목

1) 절차에 특별한 언급이 없다면 시일(seal), 개스킷, 코터 핀(cotter pin), 키 와셔 및 O-링은 재사용할 수 없다.
2) 절차에 특별한 언급이 없다면 O-링 시일은 장착에 앞서 오일을 가볍게 발라야 한다. 또한 정확히 장착되었는지 확인해야 한다. 잼 너트와 O-링이 있는 특별한 형태의 피팅은 장착 절차에 따라 정확한 작업이 되도록 한다.

1.3.3 누설 수정

1) 연결부를 분리한다.
2) 만약에 누설부가 발견되면 시일, 개스킷 또는 O-링을 폐기한다.
3) 닿는 면의 오염, 긁힘, 찍힘 또는 기타 표면의 결함을 검사한다.
4) 나사의 나사산 손상 여부 또는 규정된 값으로 토크했을 때 잠금쇠가 제 자리에 조립되는지 확인한다.
5) 사용 불가능 부품은 교환한다. 다른 언급이 없다면 시일, 개스킷, 코터 핀, 키 와셔 및 O-링은 재사용할 수 없다.

1.4 토크 작업

정비 절차서에는 나사로 된 모든 부품은 규정된 토크 값으로 조이도록 되어 있다. 필요한 경우 절차서 본문에 특정 토크 값이 주어진다. 만약 토크 값이 주어지지 않을 경우 표준 토크 값을 사용한다.

1) 토크 값은 kg-cm(lb-in) 또는 kg-m(lb-ft)로 표시된다. 1 kg-cm나 1 kg-m는 비틀면서 잠기는 볼트(너트)에 1 cm나 1 m 길이의 막대로 가해진 1 kg의 비트는 힘을 말한다.
2) 어떤 볼트(너트)든 간에 정해진 토크를 초과하면 안 된다.
3) 조립절차에 어떤 언급이 없다면 나사에 오일을 바르지 않는다. 또한 정확히 장착하기 위해서는 최소한 두 바퀴 정도는 손으로 체결한다.
4) 나사산이 제자리에 위치하기 전에 토크가 증가되면 풀어서 토크 증가의 원인을 검사한다.
5) 첫 번째 조일 때는 최종 토크 값으로 조이지 않는다. 균등치 못한 응력은 부품을 뒤틀리게 하거나 과도한 스트레스를 주게 한다. 맞닿는 부품들은 볼트나 너트를 점차적으로 조여서 완전히 밀착되도록 한다. 그다음 1/4바퀴 푼 후 최종 토크 한다. 대부분의 경우 그림 1.1에 나타나 있는 것처럼 대각선 방향 순서로 조이는 것이 바람직하다.
6) 절차에 어떤 언급이 없다면 모든 볼트의 머리는 앞쪽이나 위로 향하게 하고 너트는 뒤쪽이나 아래로 향하도록 한다.
7) 절차에 어떤 언급이 없다면 와셔는 항상 조일 때 돌아가는 부품 바로 밑에 장착한다.
8) 모든 볼트나 너트는 조인 후 장착상태를 확인하여야 한다. 만약 규정된 토크 값을 적용했음에도 불구하고 밀착되지 않았다면 풀어서 나사의 손상 여부를 검사한다.
9) Breakaway(running) 토크: Self lock nut는 breakaway(running) 토크를 적용한다. Breakaway 토크를 확인하기 위해서는 최소한 2개 이상의 나사(thread)가 너트 위로 나오도록 볼트에 너트를 조이면서 토크 값을 측정한다. 이때 측정된 값이 너트의 breakaway(running) 토크이다. 즉 너트 자체가 가지고 있는 토크 값이다. 측정된 토크 값이 정해진 최소 토크 값 이하일 경우 너트를 교환하여야 한다.

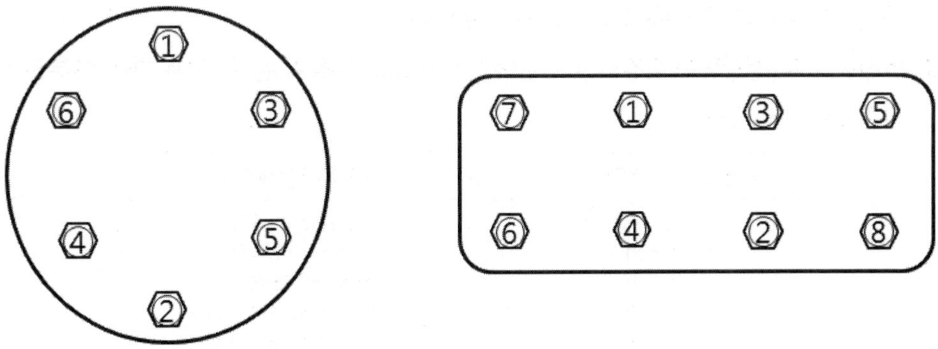

그림 1.1 나사 조임 순서

1.5 안전결선

1) 안전결선은 풀리려는 경향을 가진 부품들을 철사에 의해서 상호 견제할 수 있도록 2개나 그 이상의 부품에 철사를 설치하여 고정시키는 것이다. 이것은 토크를 얻거나 유지하려는 것은 아니며 안전결선 부품들이 분리되거나 풀리는 것을 방지하기 위함이다.
2) 안전결선은 철사 가닥이 함께 꼬여서 구성된 것이며 (double twist 방법), 1회 꼰다는 것은 철사 가닥 끝을 완전 반 바퀴와 동등하게 서로 180도 원을 그리며 돌렸을 때 만들어지는 것으로 정의한다. 특별히 지시될 경우에만 한 가닥 방법으로 안전결선한다.
3) 안전결선은 다른 부품에 닿거나, 진동의 영향을 받거나, 철사 고유의 장력을 초과하도록 설치해서는 안 된다.
4) 다른 언급이 없다면 장력 포인트 사이의 안전결선 최대 폭은 6 인치이다. 한 가닥이나 두 가닥으로 여러 개의 그룹을 안전결선할 때 연속으로 할 수 있는 최대 수량은 24 인치 길이의 철사로 안전결선할 수 있는 단위로 결정된다. 넓은 폭으로 구성된 여러 그룹을 두 가닥 방법으로 안전결선할 때 연속으로 할 수 있는 최대 수량은 3개 단위이다.
5) 엔진에는 일반적으로 0.020 인치와 0.032 인치 직경의 안전결선 철사가 사용된다. 규격은 안전결선이 되는 구멍의 크기에 의해서 결정된다. 전기 커넥터에는 0.020 인치 직경의 철사를 사용한다. 안전결선 철사는 재사용할 수 없다.
6) 안전결선은 팽팽히 당기면서 꼬아야 하고 0.020 인치 직경의 철사는 1인치당 9~19회, 0.032 인치 직경의 철사는 1 인치당 7~10회 꼬아야 한다.
7) 마지막 부품을 안전결선하고 pigtail 형상으로 만들기 위해 3회에서 8회(1/4 인치~1/2 인치) 더 꼰다. 그리고 남는 철사는 자른다. Pigtail은 작업자에게 상처를 주지 않도록 하며, 다른 부품에 접촉되지 않도록 구부린다.
8) 안전결선 후 팽창도를 점검하기 위하여 양방향으로 흔들어 본다. 사용 가능 여부는 다음 기준으로 판단한다.

부품 사이의 안전결선 길이	중앙에서 전체 휨 길이
1/2 inch	3.2 mm (1/8 inch)
1 inch	6.4 mm (1/4 inch)
2 inch	9.5 mm (3/8 inch)
3 inch	12.7 mm (1/2 inch)
4 inch	19.0 mm (3/4 inch)
5 inch	19.0 mm (3/4 inch)
6 inch	19.0 mm (3/4 inch)

9) 안전결선 구멍이 손상되지 않도록 안전결선을 제거할 때는 반드시 철사를 잘라서 제거한다. 이때 철사 조각이 엔진 내부로 들어가지 않도록 주의한다.

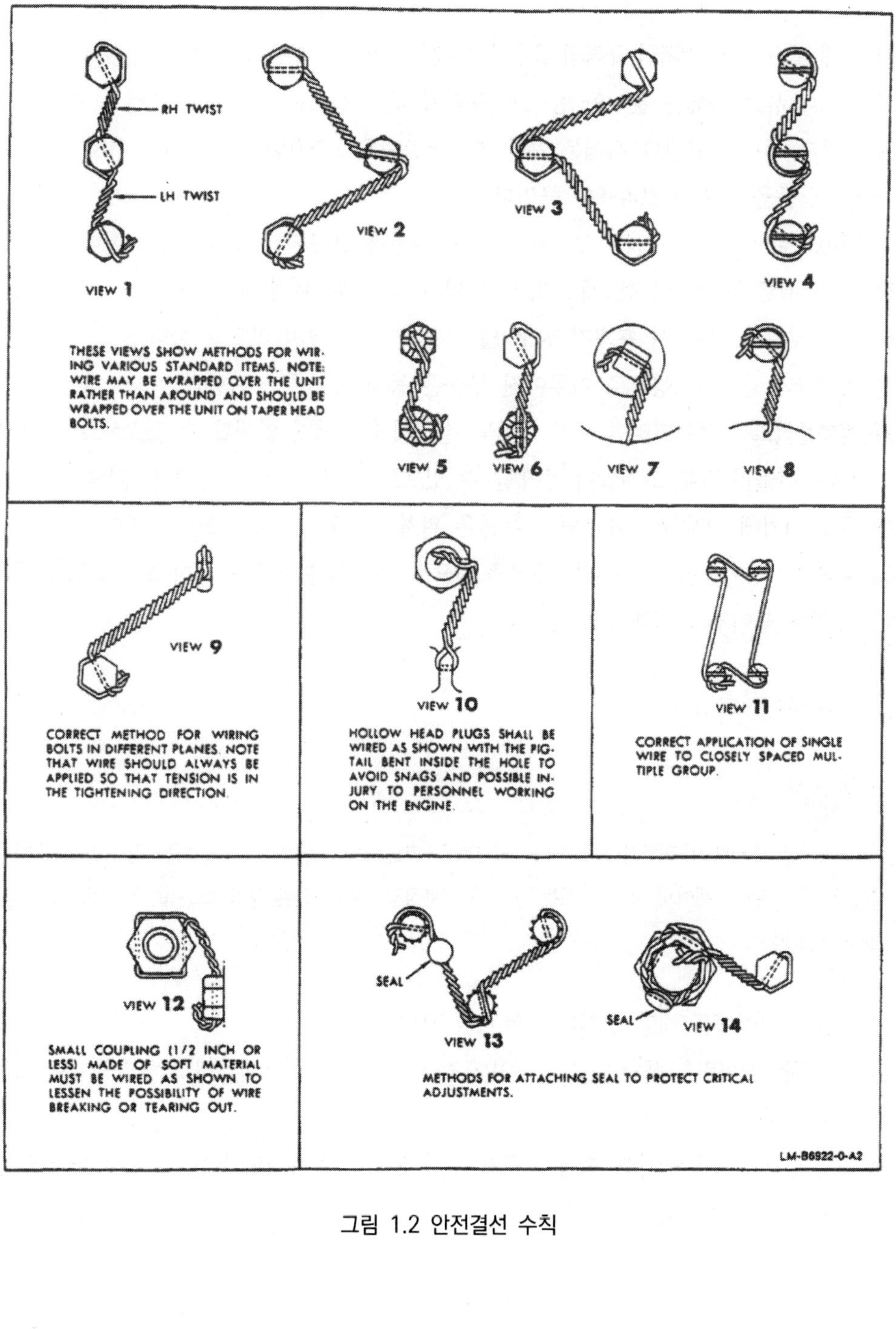

그림 1.2 안전결선 수칙

1.6 자재 취급

1.6.1 공통사항

1) 분해 및 조립 시 정확한 규격의 공구나 장비를 사용하여 부품이 손상되지 않도록 주의한다.
2) 호스나 튜브 종류는 분해와 동시에 규격에 맞는 캡으로 입구를 막아서 보관한다.
3) 장탈된 부품을 보관할 시에는 포장 후 "부품번호", "일련번호", "장탈 위치" 및 "장탈 일자" 등을 기록한 꼬리표를 붙인다.
4) 맨손으로 취급할 수 없는 부품은 반드시 절차에 요구되는 장갑을 착용한다.
5) 100% 교환 부품인 O-링, 개스킷, 락크 와셔 등은 재사용 방지를 위해 장탈 시 폐기한다.
6) 모든 부품은 보관 시 포개지 말고 옆 부품과 서로 닿지 않도록 한다.
7) 베어링과 같이 한 쌍으로 이루어진 부품은 동일 용기에 보관한다.
8) 점화플러그를 떨어뜨리면 내부 세라믹 절연체에 균열이 발생할 수 있으므로 주의해야 한다. 아울러 잔류 고전압이 존재할 수 있으므로 맨손으로 취급하지 않는다.
9) 동일 위치에 재장착이 요구되는 부품은 위치 표시와 순번을 붙여야 한다.
10) 부품은 사용가능품, 요수리품, 폐기품 등으로 식별될 수 있도록 색상 꼬리표(노랑, 녹색, 적색)를 붙이고 분리해서 보관한다.

1.6.2 베어링 취급

주의

베어링은 부식방지 조치가 필요하다. 베어링은 맨손이나 오염의 원인이 되는 장구를 사용해서 취급하면 안 된다. 베어링 취급 시에는 깨끗한 고무장갑이나 나일론 장갑 또는 손에 바르는 크림을 항상 사용한다.

1) 장탈된 베어링은 해당 엔진의 방부처리 오일로 도포한다.
2) 저장되는 베어링은 해당 엔진의 절차에 따라 그리스로 방부처리하고 방습종이로 포장하여야 한다.
3) 가열된 베어링을 장착한 후에 온도가 정상 온도로 회복되면 해당 절차에 따라 오일로 철저히 덮어야 한다.

주의

가열이나 냉각은 정상온도보다 100˚F 이상이나 이하 되는 온도로 정의한다.

4) 드라이아이스에서 냉각이 필요하면 냉각에 앞서 절차에 요구되는 오일로 철저히 도포한 다음 플라스틱 용기에 넣어야 한다.
5) 냉각된 베어링을 장착한 즉시 가열기로 베어링과 주위 부품들이 정상온도로 돌아오도록 가열한다. 습기는 깨끗하고 건조한 압축공기로 제거하고 절차에 요구되는 오일로 도포한다.
6) 베어링의 가열은 오븐이나 가열기를 사용한다. 직접가열기는 사용하지 말고 열기를 불어내는 가열기를 사용한다.

1.7 위험물 안전수칙

1.7.1 유독성 물질

모든 세척용 솔벤트, 연료, 오일, 접착제, 에폭시 및 경화제는 환기가 잘되는 곳에서 사용한다. 또한 이들 증기를 자주 또는 장시간 호흡하지 않도록 한다. 이는 많은 세척제나 접착제 및 에스테르(esters)의 증기는 유독성 물질로서 자주 호흡하게 되면 신경계통을 크게 악화시키고 사망할 가능성이 있기 때문이다. 아울러 장시간 피부에 접촉시키거나 노출을 피해야 한다. 위와 같은 재료를 사용한 후에는 가능한 한 빠른 시간 내에 더운 물과 비누로 깨끗이 씻는다. 이러한 물질들이 눈으로 들어가는 것을 막기 위해 특별한 예방조치를 취해야 한다. 만약 눈에 들어갔을 경우 눈 세척 용기에 눈을 씻고 의사의 진찰을 받도록 한다.

1.7.2 가연성 물질

모든 세척용 솔벤트, 연료, 오일, 알코올 및 접착제는 가연성 물질로써 불꽃이 발생하는 가열기나 노출된 전기 가열기 또는 화염으로부터 격리되어야 한다. 잠재적으로 폭발 가능성이 있는 연기나 증기를 분산시키기 위해 적절한 환기장치를 설치한다. 가연물질을 사용하기 위해서는 인가된 용기를 준비하고 작업장에서 사용하기 위해서는 관리부서의 허락을 받아야 한다. 사용하지 않을 때는 모든 용기를 확실하게 밀봉하도록 한다.

1.7.3 압축공기

세척이나 건조작업을 하기 위해 작업장에서 사용하는 압축공기는 29 psi 이하로 조절되어야 한다. 눈을 보호하기 위해 인가된 안전장구를 착용한다. 만약에 더 높은 압력이 필요하면 격리된 장소에서 필요한 보호장구를 사용한다. 고압공기를 사용할 경우 공기압력에 부품이 손상되지 않도록 한다.

1.7.4 외부 물질

외부 물질로부터 엔진을 보호해야 하는 것은 필수조건이다. 작업 완료 후 항상 자재와 공구의 수량을 파악하고 엔진 주위에 이물질이 없도록 청결하게 유지해야 한다.

1.7.5 고전압

엔진의 점화계통 부품(승압장치, 마그네토, 점화플러그, 전선 등)에는 인체에 치명적으로 높은 고전압이 발생하므로 취급 시에는 반드시 절연장갑을 사용한다. 모든 전선이 연결되고 점화플러그가 장착되었는지 확인해야 한다. 고전압 근처에서 작업하는 사람들은 인공호흡법에 익숙해야 한다.

제2장

왕복엔진 부품 명칭

2.1 Ignition System (점화계통)
2.2 Accessory Case
2.3 Induction System (흡기계통)
2.4 Oil Sump (오일 탱크)
2.5 Oil Cooler
2.6 Alternator Assembly (발전기 뭉치)
2.7 Starter and Starter Adapter
2.8 Oil Pump Assembly
2.9 Intercyclinder Air Baffles (공기 배플)
2.10 Cylinder and Piston Assembly
2.11 Crank Case
2.12 Cam Shaft Assembly (캠축 뭉치)
2.13 Crankshaft Group (크랭크축 계통)
2.14 Gear Train (기어 전달계통)
2.15 Exhaust System (배기계통)

항공기용 왕복엔진을 이해하기 위해서는 우선적으로 엔진을 구성하는 구성품의 명칭과 기능에 대한 이해가 필수적이다. 본 장에서는 수평대향형 6기통 왕복엔진(opposed type 6 cylinder reciprocating engine)에 대해서 살펴보기로 한다. 이 왕복엔진의 정확한 명칭은 TSIO-360-EB이며, 형상이 그림 2.1에 나타나 있다. 한편, 그림 2.2에 일반적인 수평대향형 6기통 왕복엔진이 나타나 있으며, 그림 2.3에는 감속기어가 설치되어 있는 구형 수평대향형 6기통 왕복엔진이 나타나 있다.

참고로 TSIO-360-EB에 대한 내용은 아래와 같다.

TS : Turbosupercharged
I : Fuel injection
O : Horizontally opposed cylinder configuration
360 : 360 in^3 cylinder volume displacement(배기량)
EB : Detail engine configuration

이 왕복엔진의 추가적인 특성은 다음과 같다:

Manufacturer	Teledyne Continental Motors
Cylinder bore diameter	4.44 inch
Stroke	3.88 inch
Compression ratio	7.5 : 1
Cooling	Air cooled
Oil tank	Wet sump design
Firing order	1-6-3-2-5-4
Max cylinder head temperature	460°F (238°C)
Rated max cont. BHP	200
Rec. max cruise BHP	150
Crank shaft rpm (Rated max continuous operation)	2575
Ignition timing	20° BTC(Before Top Center)
Magneto	Two TCM S6LN-25
Oil pressure	
Idle, minimum, psi	10
Normal operation, psi	30~80
Oil temperature limits	
Minimum for take-off	100°F
Maximum allowable	110°C/240°F
Recommended cruising	71°C~82°C/160°F~180°F

그림 2.1 TSIO-360-EB 왕복엔진

그림 2.2 수평대향형 왕복엔진

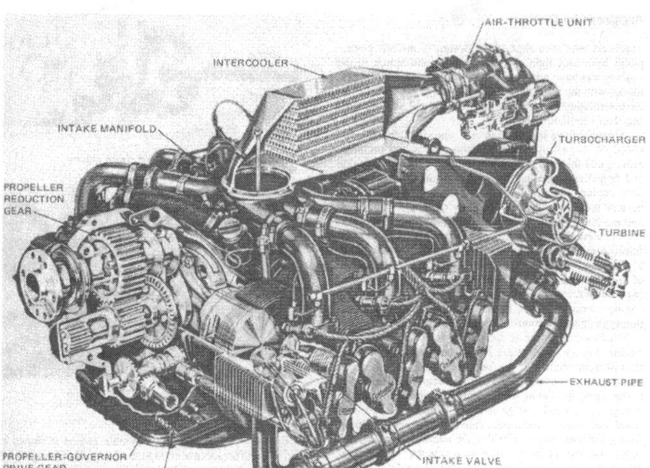

그림 2.3 수평대향형 왕복엔진 명칭

2.1 Ignition System (점화계통)

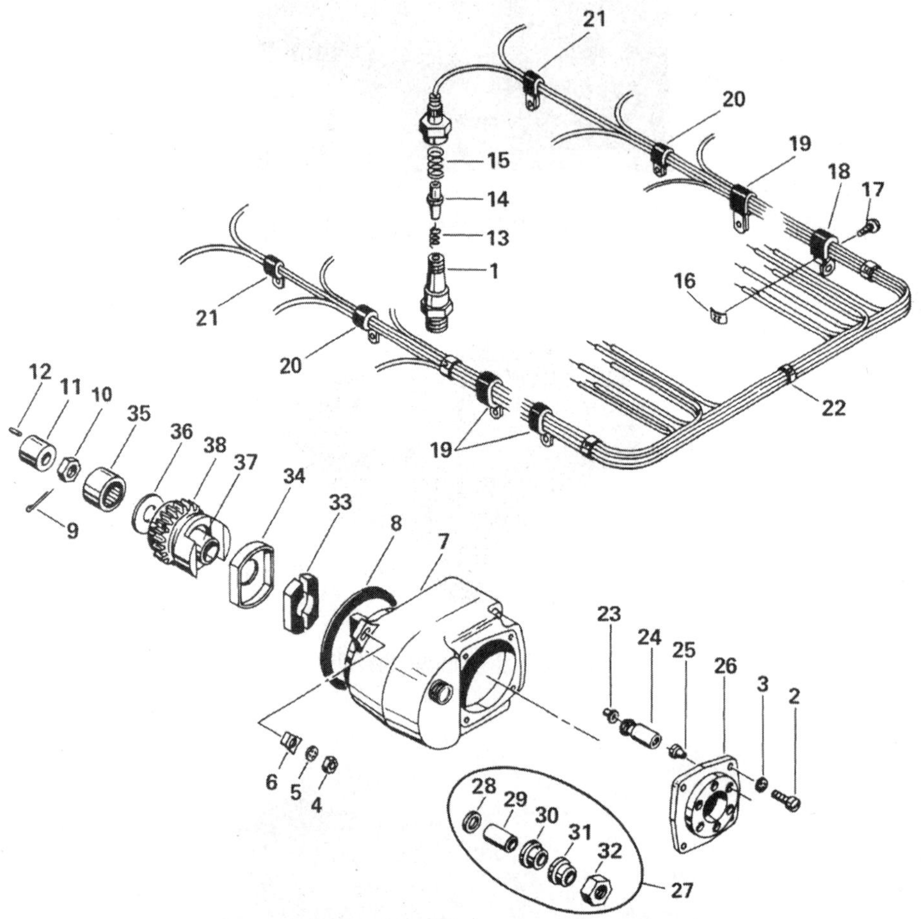

1. Spark plug
2. Screw
3. Lockwasher
4. Nut
5. Lockwasher
6. Hold down washer
7. Magneto
8. Gasket
9. Cotter pin
10. Nut
11. Gear support shaft
12. Pin
13. Spring
14. Sleeve
15. Spring assembly
16. Speed nut
17. Screw
18. Bracket clamp
19. Six wire clamp
20. Four wire clamp
21. Two wire clamp
22. Strap
23. Ignition cable eylet
24. Distributor cable grommet
25. Ignition cable ferrule
26. Distributor cable plate
27. Ground terminal kit
28. Washer
29. Insulating sleeve
30. Inner ferrule
31. Outer ferrule
32. Coupling nut
33. Coupling bushings
34. Retainer
35. Needle bearing
36. Washer
37. Pilot sleeve bushing
38. Magneto drive gear

2.2 Accessory Case

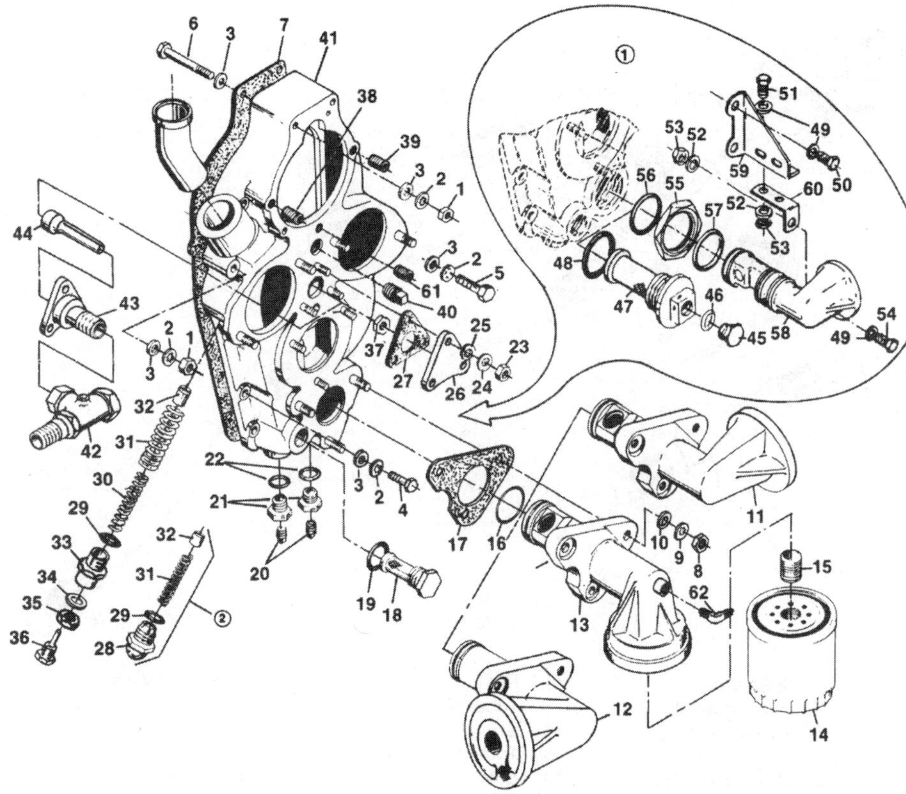

1. Nut
2. Lockwasher
3. Plain washer
4. Screw
5. Screw
6. Screw
7. Gasket
8. Nut
9. Lockwasher
10. Plain washer
11. Adapter, oil filter (front engine)
12. Adapter, oil filter (rear engine)
13. Adapter, oil filter (L/TSIO 360 E,F)
14. Filter, oil
15. Stud, adapter
16. O-ring
17. Gasket
18. Screen assembly
19. Gasket
20. Plug
21. Plug
22. Gasket
23. Nut
24. Lockwasher
25. Plain washer
26. Cover
27. Gasket
28. Cap, relief valve
29. Gasket
30. Spring
31. Spring
32. Plunger
33. Cap, relief valve
34. Gasket
35. Nut
36. Screw, adjusting
37. Nut
38. Helical coil
39. Helical coil
40. Plug
41. Accessory case
42. Adapter, tach
43. Adapter, tach
44. Shaft, tach
45. Plug
46. Gasket
47. Press, oil screen
48. Gasket
49. Lockwasher
50. Bolt
51. Screw
52. Lockwasher
53. Nut
54. Screw
55. Nut
56. O-ring
57. O-ring
58. Adapt, oil filter
59. Bracket
60. Bracket
61. Fitting
62. Elbow 45°

2.3 Induction System (흡기계통)

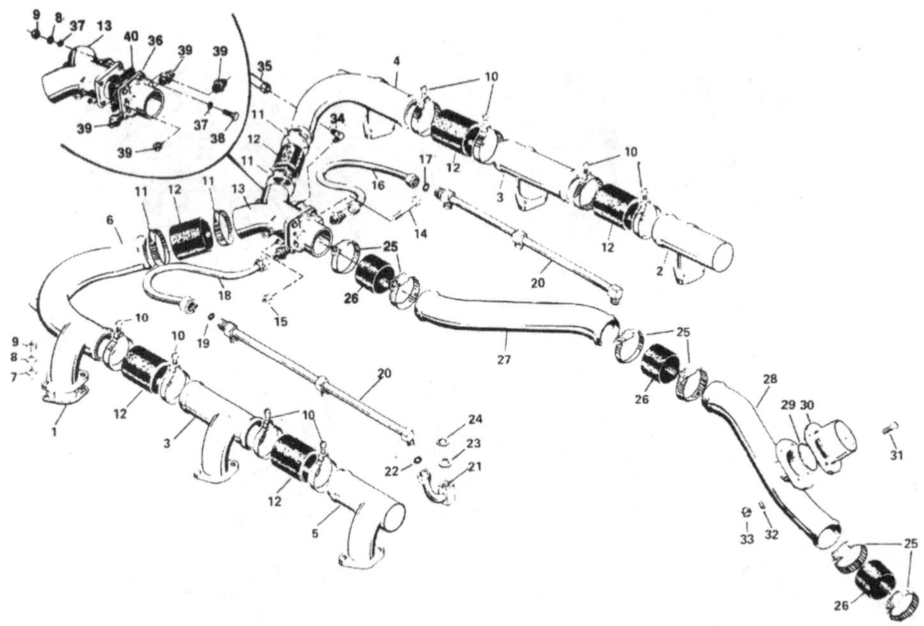

1. Gasket
2. Riser assembly
3. Riser assembly
4. Riser, elbow
5. Riser assembly
6. Riser, elbow
7. Washer, plain
8. Washer lock
9. Nut
10. Clamp
11. Clamp
12. Hose
13. Air throttle and metering assembly
14. Screw
15. Nut
16. Tube, air reference
17. Seal
18. Tube, air reference
19. Seal
20. Tube, air reference
21. Sleeve
22. Seal
23. Washer, rubber
24. Washer, plain
25. Clamp
26. Hose
27. Tube, induction
28. Tube, induction
29. O-ring
30. Overboost Valve
31. Bolt
32. Washer, plain
33. Nut
34. Elbow 90°
35. Hose
36. Adapter
37. Washer
38. Screw
39. Fittings
40. Gasket

2.4 Oil Sump (오일 탱크)

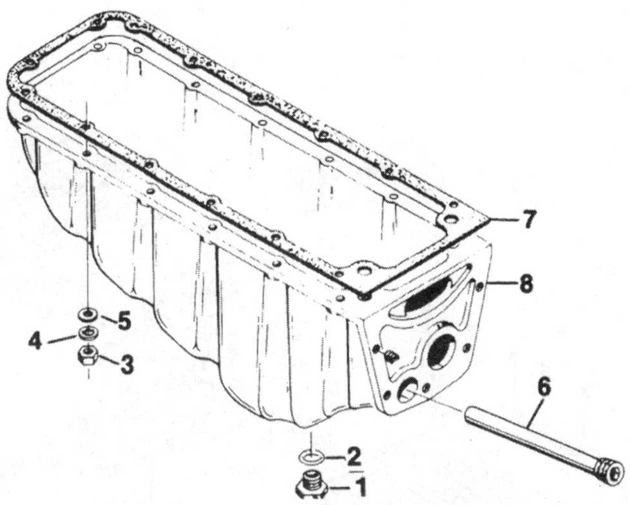

1.	Plug	5.	Washer, plain
2.	Gasket	6.	Tube, suction
3.	Nut	7.	Gasket
4.	Washer, lock	8.	Sump, oil

2.5 Oil Cooler

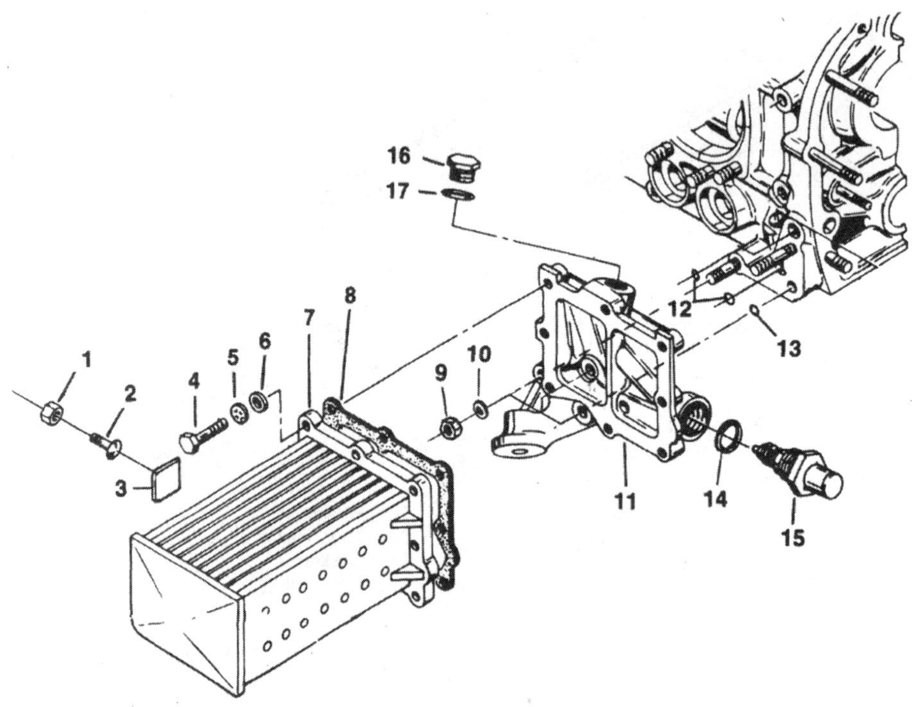

1. Nut
2. Bolt
3. Shoe
4. Bolt
5. Washer, lock
6. Washer, plain
7. Oil cooler
8. Gasket
9. Nut
10. Washer
11. Adapter, oil cooler to engine
12. O-ring
13. O-ring
14. Gasket
15. Oil temperature control valve
16. Plug
17. Gasket

2.6 Alternator Assembly (발전기 뭉치)

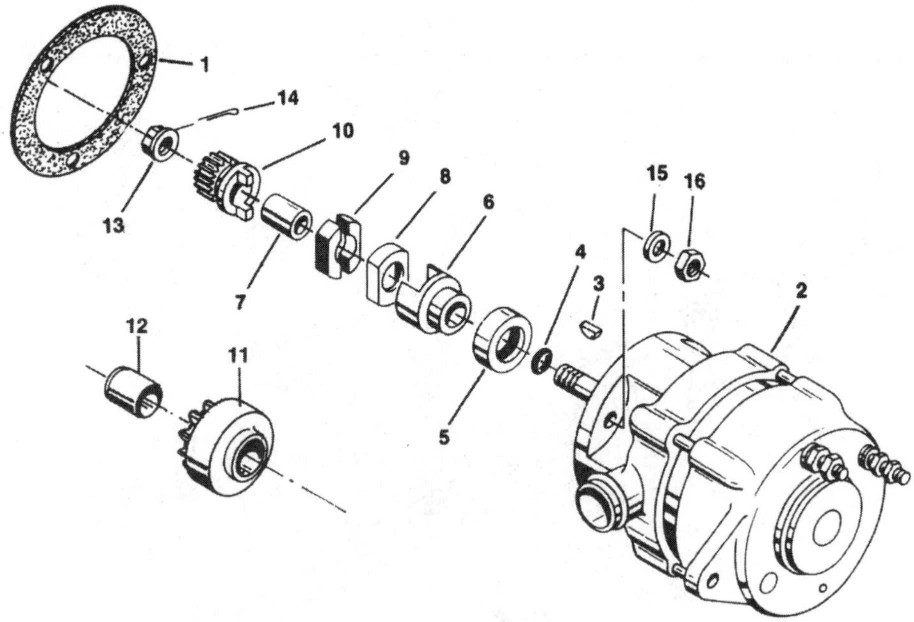

1. Gasket
2. Alternator
3. Woodruff key
4. O-ring
5. Oil seal
6. Hub
7. Sleeve
8. Retainer
9. Bushing
10. Gear
11. Coupler
12. Sleeve
13. Nut, castellated
14. Pin, cotter
15. Washer, plain
16. Nut, elastic stop

2.7 Starter and Starter Adapter

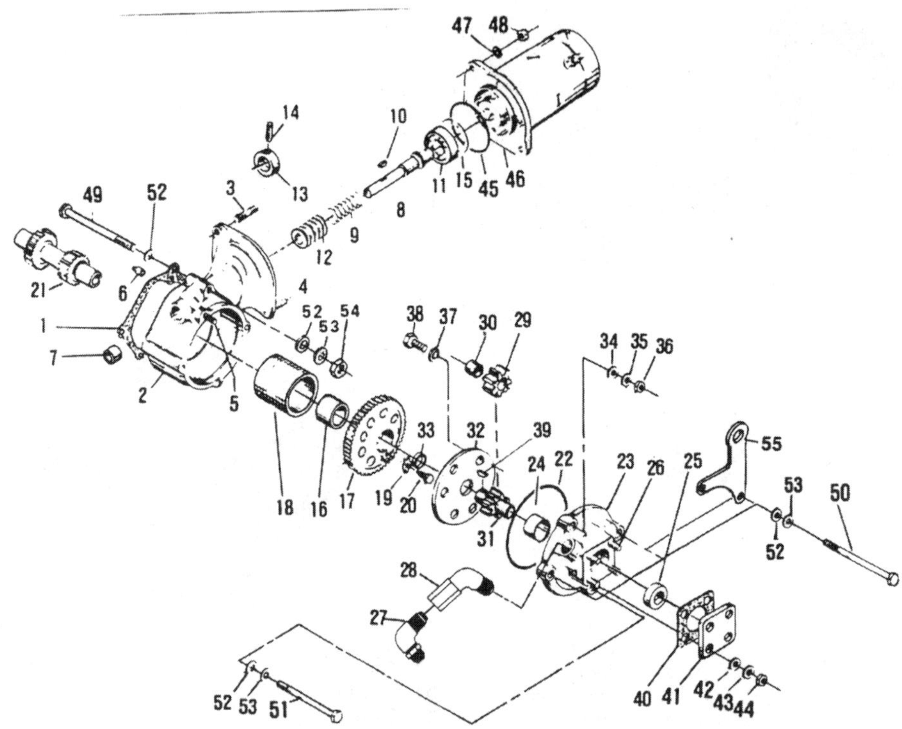

1. Gasket
2. Housing, starter adapter
3. Stud
4. Stud
5. Stud
6. Dowel
7. Bearing needle
8. Shaft, worm
9. Spring, shaft
10. Key, woodruff
11. Bearing, ball
12. Gear, worm
13. Bushing
14. Pin
15. Ring, retaining
16. Bearing, roller
17. Gear, worm wheel
18. Spring, clutch
19. Washer, tab
20. Screw
21. Shaftgear
22. O-ring
23. Housing, scav. pump
24. Bushing
25. Oil seal
26. Stud
27. Elbow 90°
28. Elbow 45°
29. Gear
30. Bushing
31. Gear
32. Cover
33. Bushing
34. Washer, plain
35. Washer, lock
36. Nut
37. Washer, plain
38. Screw
39. Key, woodruff
40. Gasket
41. Cover
42. Washer, plain
43. Washer, lock
44. Nut
45. O-ring
46. Starter
47. Washer, plain
48. Nut
49. Bolt
50. Bolt
51. Bolt
52. Washer, plain
53. Washer, lock
54. Nut
55. Eye, lifting

2.8 Oil Pump Assembly

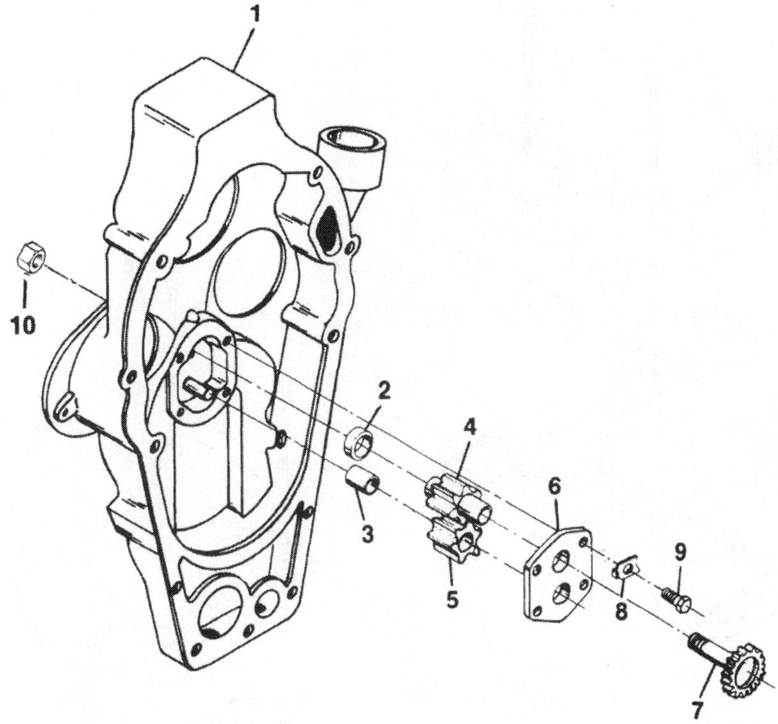

1. Accessory Case
2. Bushing
3. Bushing
4. Gear, Oil Pump Drive
5. Gear, Oil Pump Driven
6. Cover, Oil Pump
7. Gear, Oil Pump Drive
8. Washer, Tab
9. Bolt
10. Nut

2.9 Intercyclinder Air Baffles (공기 배플)

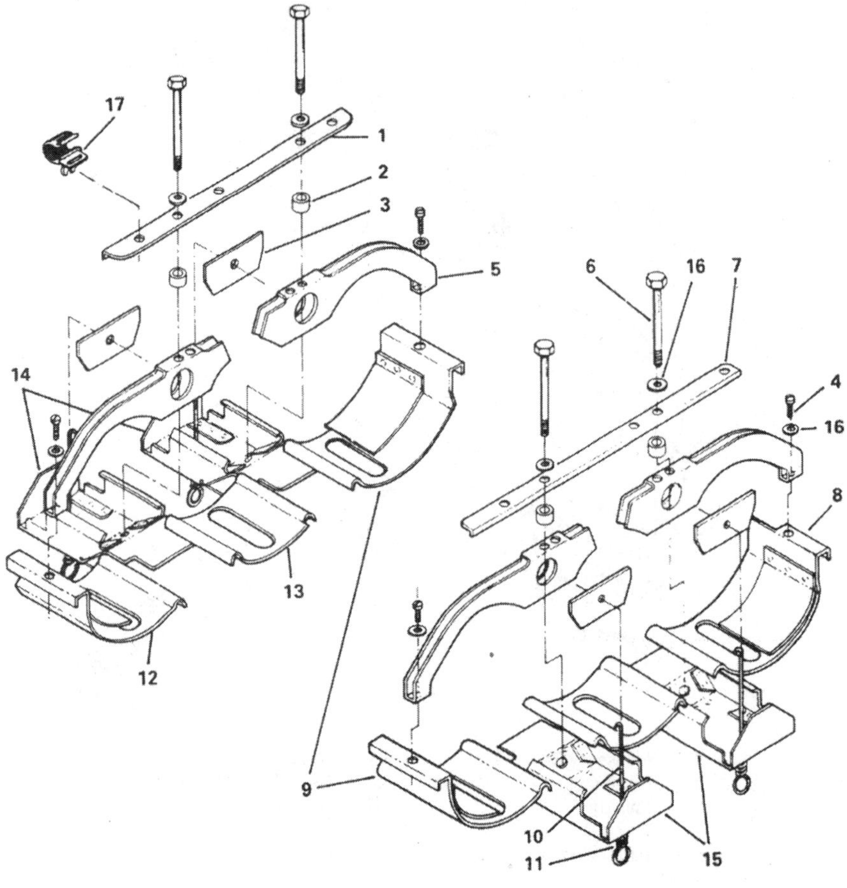

1. Bracket
2. Spacer
3. Support
4. Screw
5. Support
6. Bolt
7. Bracket
8. Baffle assembly
9. Baffle assembly
10. Baffle fastener
11. Spring
12. Baffle assembly
13. Baffle
14. Baffle assembly
15. Baffle assembly
16. Washer
17. Clamp

2.10 Cylinder and Piston Assembly

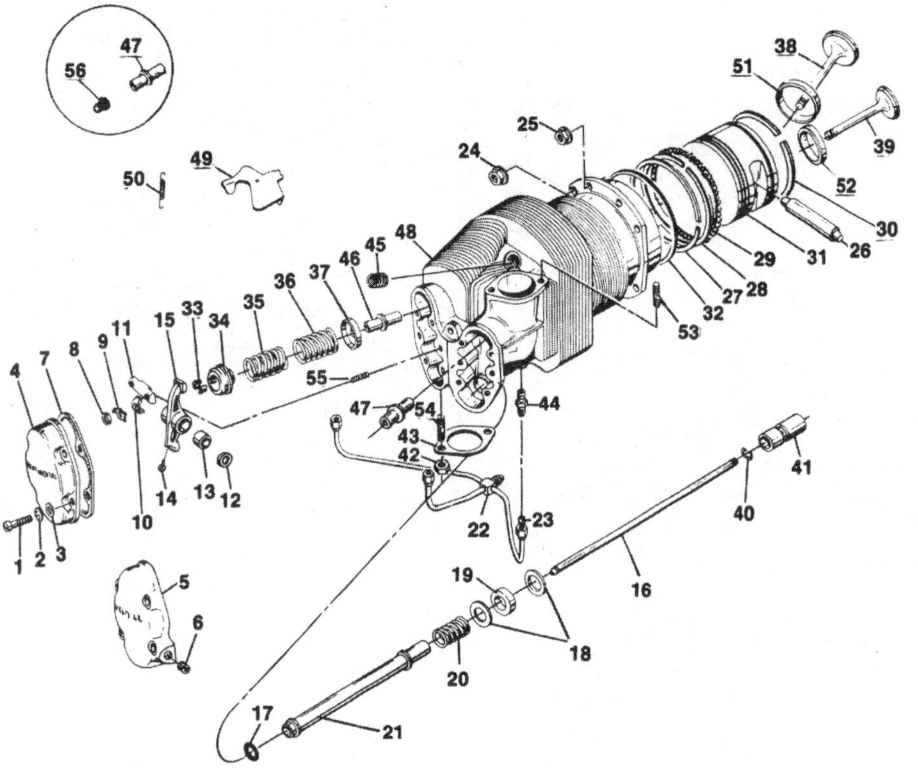

1. Screw
2. Lockwasher
3. Washer
4. Rocker cover
5. Rocker cover
6. Insert
7. Gasket
8. Nut
9. Tab washer
10. Retainer
11. Shaft
12. Thrust washer
13. Bushing
14. Plug
15. Rocker
16. Pushrod
17. "O" ring
18. Washer
19. Packing
20. Spring
21. Housing
22. Tube assembly
23. Seal
24. Flanged nut
25. Flanged nut
26. Piston pin
27. Top piston ring
28. Second piston ring
29. Oil control ring
30. Scraper ring
31. Piston
32. Cylinder base packing
33. Keys
34. Roto coil
35. Inner spring
36. Outer spring
37. Retainer
38. Intake valve
39. Exhaust valve
40. Retaining ring
41. Lifter body
42. Nut
43. Exhaust gasket
44. Nipple
45. Insert
46. Valve guide, exhaust
47. Valve guide, intake
48. Cylinder
49. Baffle
50. Spring
51. Insert, intake
52. Insert, exhaust
53. Stud, intake manifold
54. Stud, exhaust manifold
55. Stud,rocker box cover
56. Seal, valve guide, intake

2.11 Crank Case

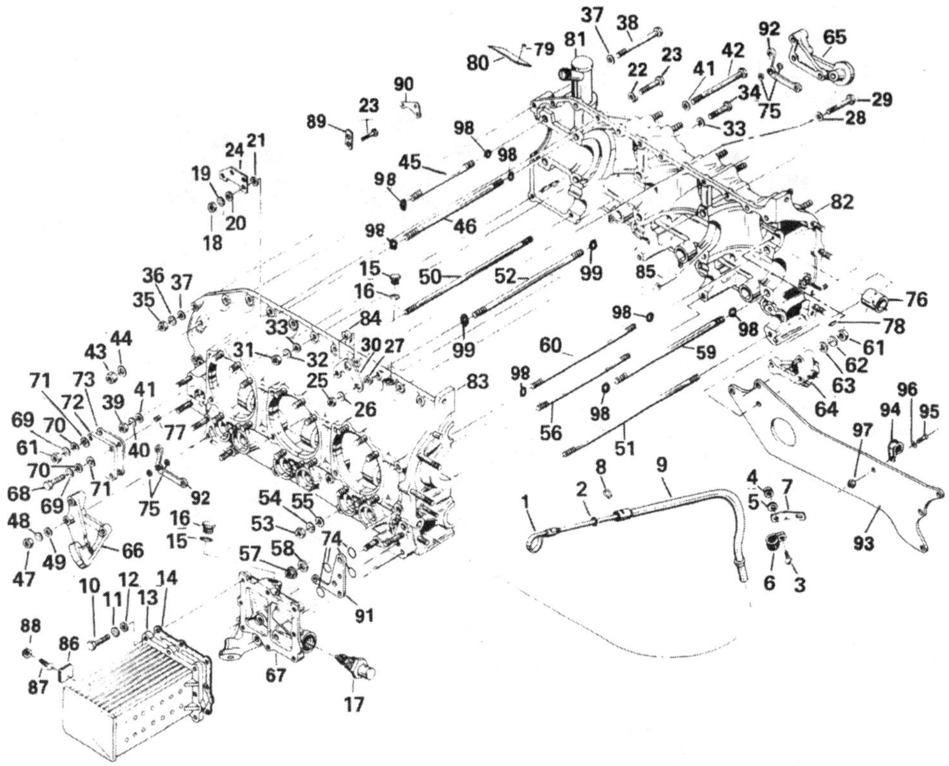

1. Oil gauge rod
2. "O"-ring
3. Screw
4. Locknut
5. Washer
6. Clamp
7. Bracket
8. Circlip
9. Oil gauge housing
10. Screw
11. Lockwasher
12. Washer
13. Oil cooler
14. Gasket
15. Gasket
16. Plug, machine thread
17. Temperature control valve
18. Nut
19. Lockwasher
20. Washer
21. Washer
22. Washer
23. Bolt
24. Air throttle bracket
25. Nut
26. Lockwasher
27. Spacer
28. Washer
29. Bolt
30. Lifting eye
31. Nut
32. Lockwasher
33. Washer
34. Bolt
35. Nut
36. Lockwasher
37. Washer
38. Bolt
39. Nut
40. Lockwasher
41. Washer
42. Bolt
43. Nut
44. Washer
45. Thru bolt
46. Thru bolt
47. Nut
48. Lockwasher
49. Washer
50. Thru bolt
51. Thru bolt
52. Thru bolt
53. Nut
54. Lockwasher
55. Washer
56. Thru bolt
57. Flanged nut
58. Washer
59. Thru bolt
60. Thru bolt
61. Nut
62. Lockwasher
63. Washer
64. Right rear mount bracket
65. Right front mount bracket
66. Left front mount bracket
67. Left rear mount bracket
68. Bolt
69. Lockwasher
70. Washer
71. Spacer
72. Cover
73. Gasket
74. "O"-ring
75. "O"-ring
76. Bushing
77. Helical coil
78. Dowel
79. Drive screw
80. Nameplate
81. Breather
82. Right crankcase
83. Left crankcase
84. Spacer
85. Squirt nozzle
86. Shoe
87. Bolt
88. Nut
89. Bracket, air throttle
90. Bracket, adapter
91. Spacer
92. Spacer
93. Bracket, turbo
94. Clamp
95. Bolt
96. Washer
97. Nut
98. "O"-rings

2.12 Cam Shaft Assembly (캠축 뭉치)

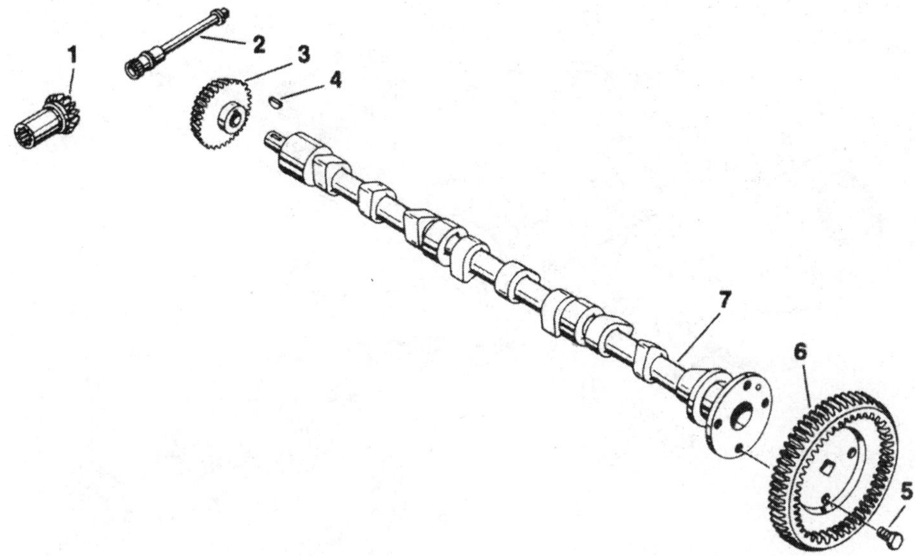

1. Governor driven gear
2. Fuel pump drive shaft
3. Governor drive gear
4. Woodruff key
5. Bolt
6. Camshaft gear
7. Camshaft

2.13 Crankshaft Group (크랭크축 계통)

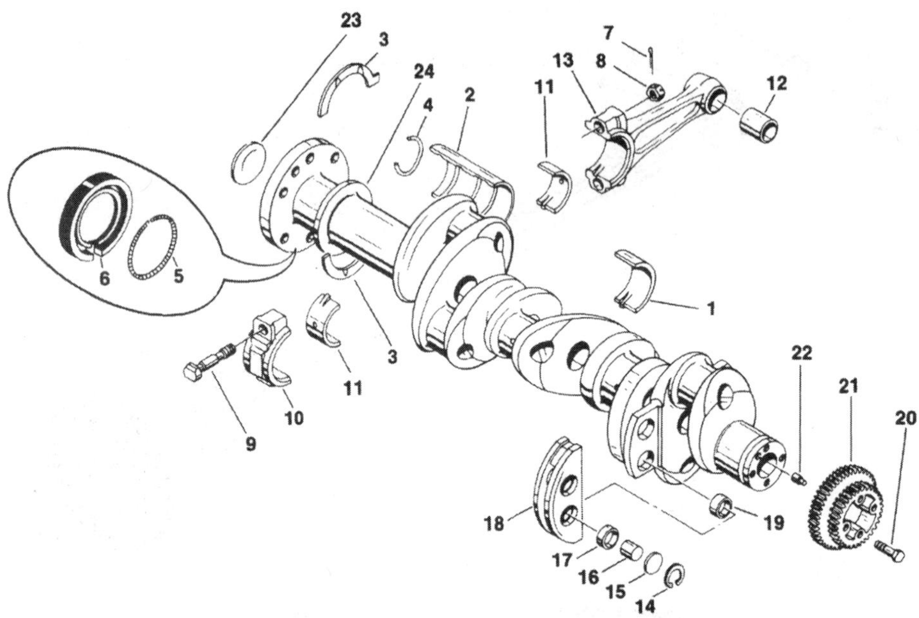

1. Intermediate and rear bearing
2. Front main bearing
3. Thrust washer
4. Packing crankshaft bearing
5. Oil seal spring
6. Oil seal
7. Cotter pin
8. Nut, castellated
9. Rod bolt
10. Rod cap
11. Rod bearing
12. Rod bushing
13. Connecting rod
14. Retaining ring
15. Retaining plate
16. Counterweight pin
17. Counterweight bushing
18. Counterweight
19. Bushing
20. Bolt
21. Crankshaft gear
22. Dowel
23. Plug
24. Crankshaft

평형추(counterweights)(18)는 부싱(17)과 짝을 이루어 공급되는데, 이는 그들의 무게 차이가 2 그램을 초과하지 못하도록 하기 위함이다. 크랭크축 진동은 연료-공기 혼합기의 연소에 의해 야기된다. (Counterweights are supplied in matched pairs with the bushings installed. This is necessary to assure that their weight difference does not exceed 2 grams. Crankshaft vibrations are caused by the firing of the cylinders.)

2.14 Gear Train (기어 전달계통)

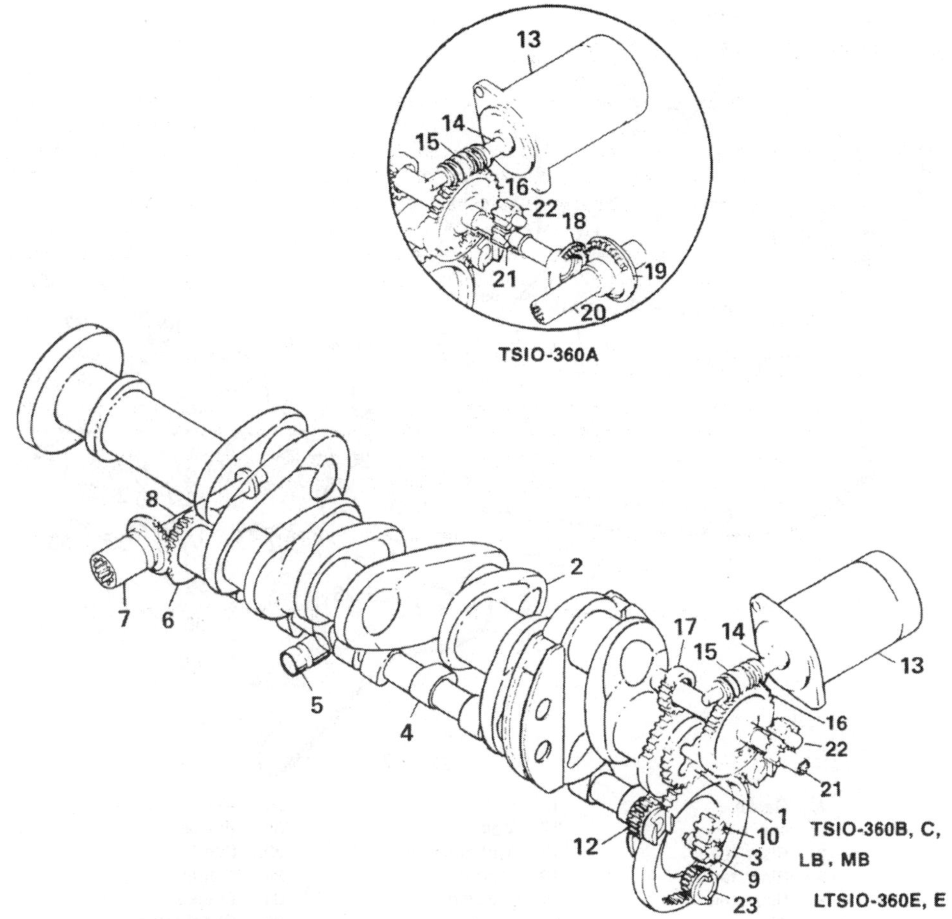

1. Crankshaft gear
2. Crankshaft
3. Camshaft gear
4. Camshaft
5. Hydraulic tappet
6. Governor drive gear
7. Governor driven gear
8. Fuel pump drive shaft
9. Oil pump drive gear
10. Oil pump driven gear
11. Right magneto drive gear
12. Left magneto drive gear
13. Starter
14. Worm drive shaft
15. Starter worm gear
16. Starter worm wheel
17. Starter shaft gear
18. Accessory drive gear
19. Accessory driven gear
20. Accessory driven shaft
21. Scavenge pump drive gear
22. Scavenge pump driven gear
23. Alternator drive gear

2.15 Exhaust System (배기계통)

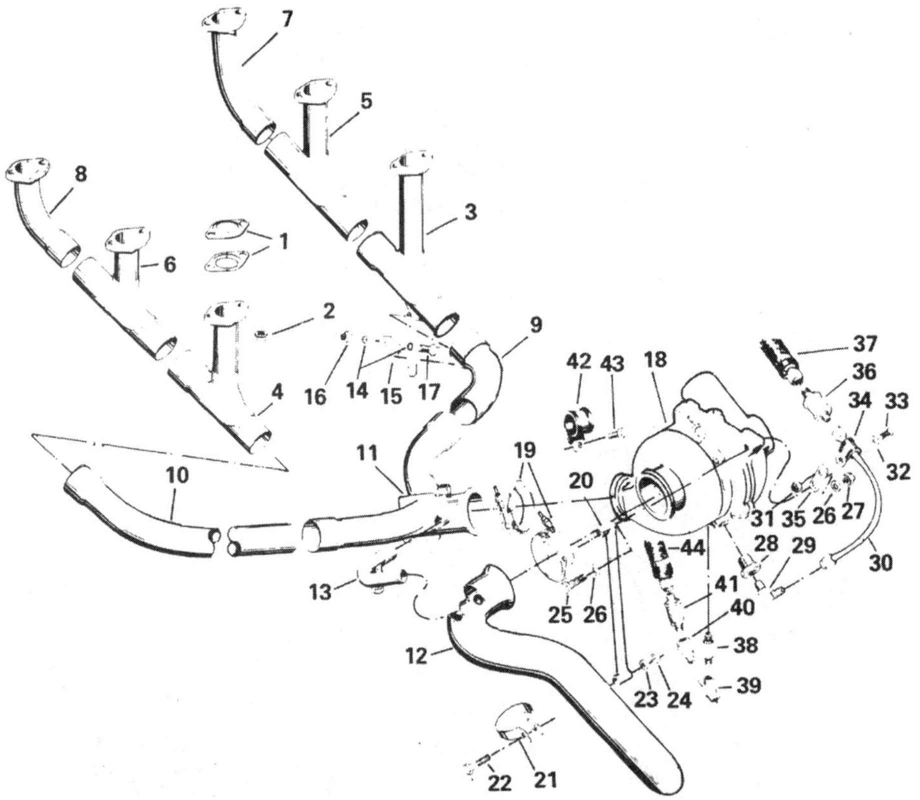

1. Gasket
2. Nut
3. Riser, tee
4. Riser, tee
5. Riser, tee
6. Riser, tee
7. Riser, elbow
8. Riser, elbow
9. Elbow
10. Elbow
11. Manifold
12. Tail pipe
13. Wastegate
14. Bushing
15. Tie rod
16. Nut
17. Bolt
18. Turbocharger
19. Clamp
20. Support
21. Clamp
22. Bolt
23. Washer
24. Nut
25. Bolt
26. Washer
27. Nut
28. Reducer
29. Elbow
30. Tube
31. Nut
32. Washer
33. Bolt
34. Clamp
35. Bracket
36. Check valve
37. Hose
38. Nipple
39. Tee
40. Elbow
41. Check valve
42. Clamp
43. Screw
44. Hose

제3장

측정기 및 공구 사용법

3.1 마이크로미터

그림 3.1에 나타나 있는 것처럼 마이크로미터의 U자형 프레임의 한쪽 끝에는 고정된 앤빌(anvil)이 있고, 다른 쪽 끝의 슬리브(sleeve) 안쪽은 암나사로 되어 있으며, 정밀도가 높은 피치의 작은 수나사인 스핀들이 그 속에 들어 있다. 스핀들의 바깥쪽에는 심블(thimble)이 있으며, 이것을 회전시키면 스핀들이 축방향으로 이동하게 되어 있다. 슬리브에는 축방향으로 눈금이 매겨져 있으며, 심블에는 원주 방향으로 원주를 50등분한 눈금이 매겨져 있다. 표준 눈금의 마이크로미터는 0.01 mm까지 읽을 수 있으며, 아들자가 있는 경우에는 0.001 mm까지 읽을 수 있다. 마이크로미터에는 스핀들을 고정시키기 위한 클램프, 측정압(測定壓)을 일정하게 유지하기 위한 래칫스톱(ratchet stop)이 붙어 있다.

길이를 측정하려면 앤빌과 스핀들 사이에 측정물을 끼우고 슬리브와 심블의 눈금을 읽는다. 일반적으로 사용하고 있는 마이크로미터는 나사의 피치가 0.5 mm이다. 스핀들의 측정범위는 0~25 mm, 25~50 mm와 같이 25 mm 간격으로 되어 있으며, 최대 3 m까지 측정할 수 있는 것도 있다. 마이크로미터에는 바깥쪽 치수를 측정하는 바깥지름 마이크로미터, 안쪽 치수를 측정하는 안지름 마이크로미터, 구멍 등의 깊이를 측정하는 깊이 마이크로미터, 나사·기어의 이[齒]두께, 나사의 유효지름 등을 측정하는 수나사용·암나사용의 각 나사 마이크로미터 등이 있다.

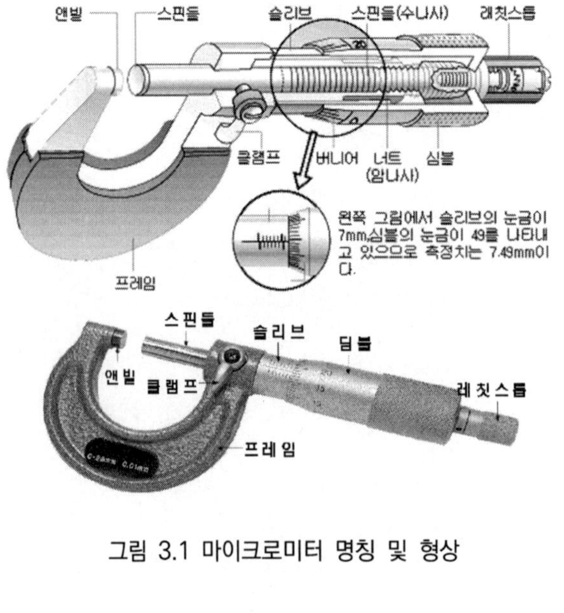

그림 3.1 마이크로미터 명칭 및 형상

이 밖에 공기마이크로미터와 전기마이크로미터가 있는데, 이들은 미소한 길이를 정확하게 측정할 수 있다는 점에서는 마이크로미터와 같으나 원리상으로는 다르다. 공기마이크로미터는 일정한 압력의 공기를 내뿜게 하여 그 유출량(流出量)과 압력변화에 의해서, 전기마이크로미터는 치수변화를 전기저항·인덕턴스 등의 전기량 변화를 이용하여 미소한 치수를 측정한다.

그림 3.2에 나타나 있는 깊이 마이크로미터는 깊이 게이지처럼 깊이를 측정하는 데 사용하며, 깊이 바의 형식에 따라 단체형과 로드 교환형으로 구분한다. 로드 교환형은 측정 깊이에 적당한 로드를 교환하여 넓은 범위의 깊이를 측정할 수 있다.

그림 3.3과 3.4에 마이크로미터 눈금 읽는 법을 나타냈다.

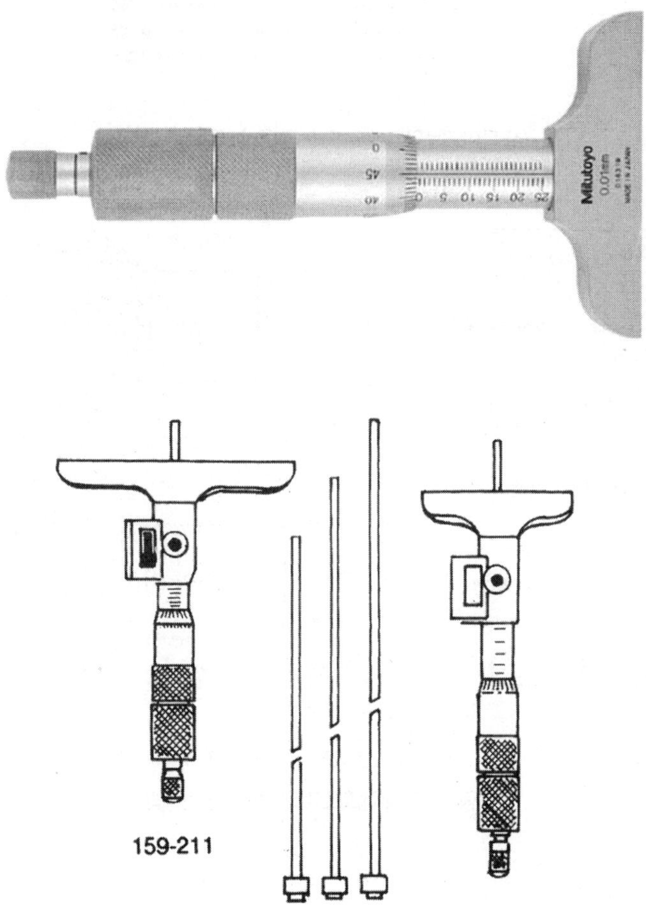

그림 3.2 Depth micrometers

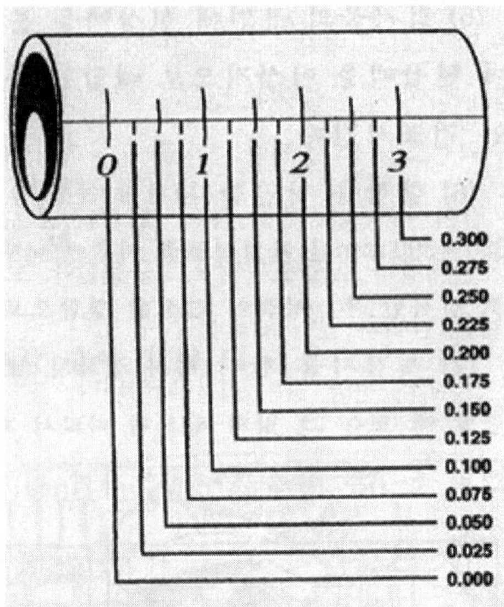

(a) 마이크로미터 캘리퍼 눈금 (0.025 inch 간격)

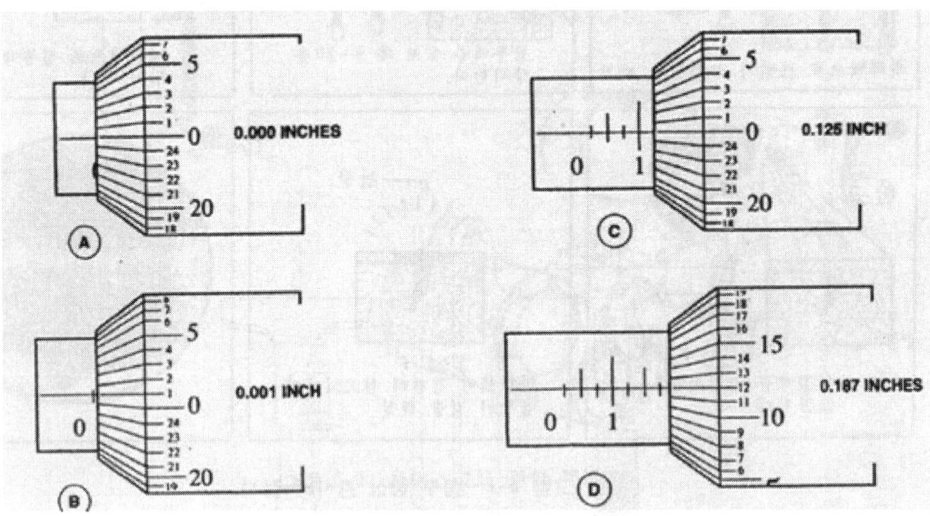

(b) 마이크로미터 눈금 읽기 연습

그림 3.3 마이크로미터 눈금 읽는 법

1. Read this micrometer caliper.

_________ inch(es)

2. Read this vernier micrometer.

_________ inch(es)

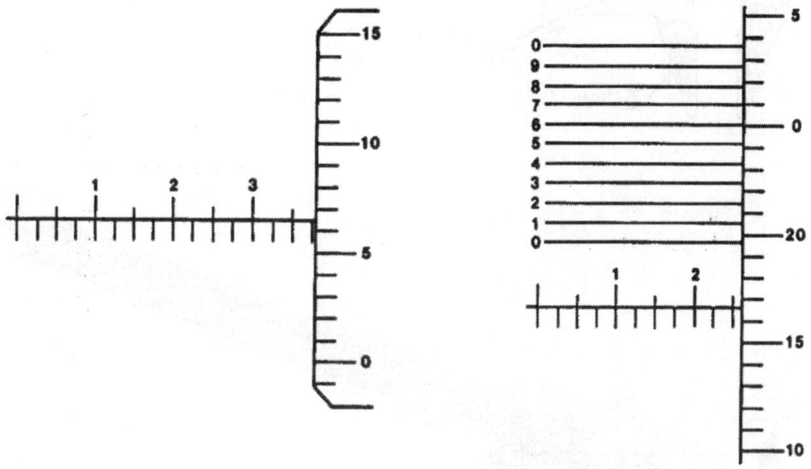

그림 3.4 마이크로미터 눈금 읽는 연습

3.2 버니어 캘리퍼스 (Vernier Calipers)

버니어 캘리퍼스를 노기스라고도 하는데, 이것은 독일어의 노니우스(Nonius)라는 발음이 잘못된 것이라고 한다. 그림 3.5에 나타나 있는 버니어 캘리퍼스는 일반적으로 원형으로 된 것의 지름과 원통의 안지름 등을 측정하는 데 주로 사용하며, 상황에 따라서 단순히 길이를 측정하는 용도로도 많이 사용한다. 버니어 캘리퍼스는 어미자(본척(本尺))와 어미자 위를 이동하는 아들자(버니어(副尺))로 되어 있는데, 어미자의 선단과 아들자 사이에 측정물을 끼우고 어미자 위의 눈금을 아들자를 사용해서 읽는다. 보통 사용하고 있는 것은 어미자의 한 눈금이 1 mm이고, 아들자의 눈금은 어미자의 1눈금을 20등분한 것이다. 따라서 읽을 수 있는 최소 치수는 1/20 mm이다. 이 밖에 최소 치수가 1/50 mm인 것도 있다. 한편, 버니어 캘리퍼스에는 깊이를 측정할 수 있는 뎁스 바(depth bar; 깊이 바)가 달려 있다. 버니어 캘리퍼스는 사용 방법이 간단하여 기계공장 등에서 널리 사용하고 있다. 그림 3.6과 3.7에 버니어 캘리퍼스 눈금 읽는 법을 나타냈다.

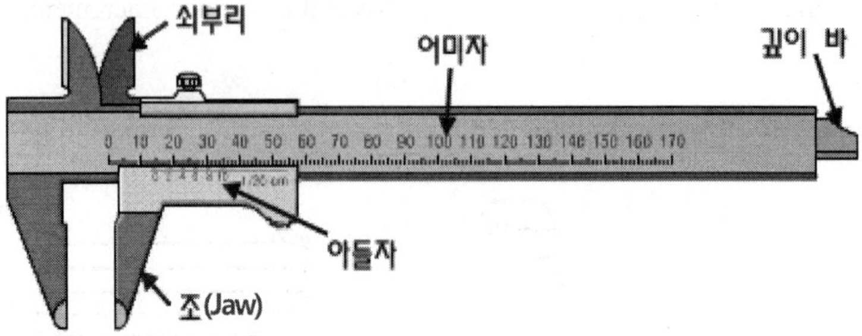

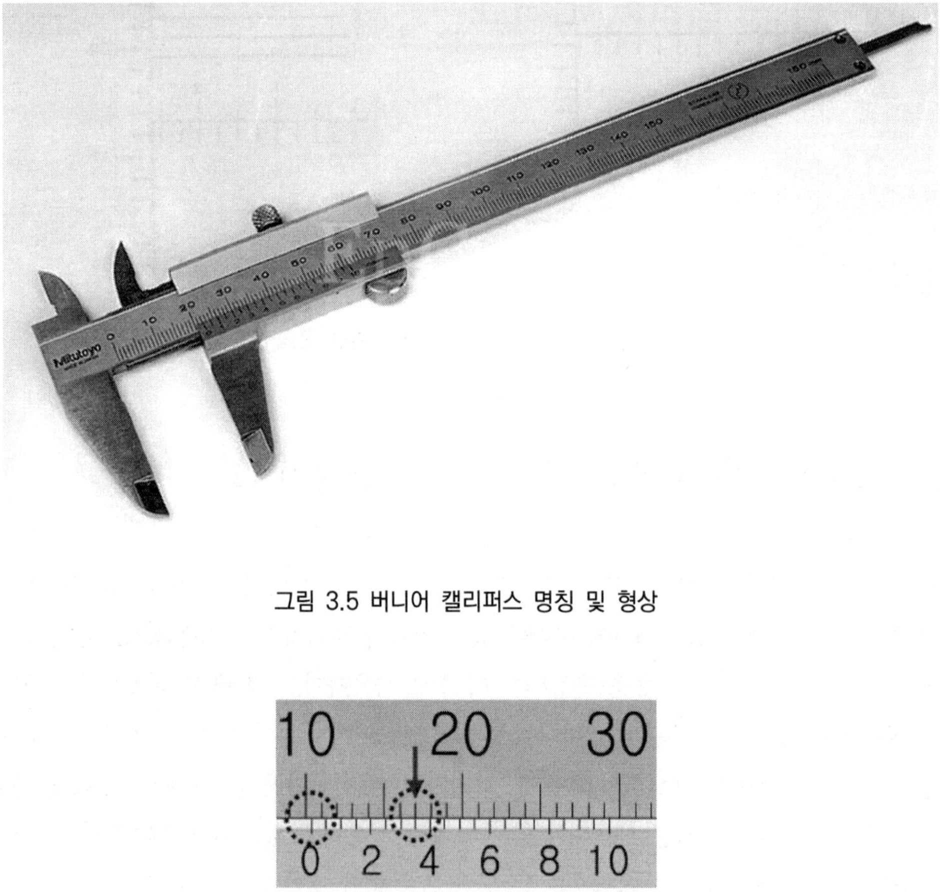

그림 3.5 버니어 캘리퍼스 명칭 및 형상

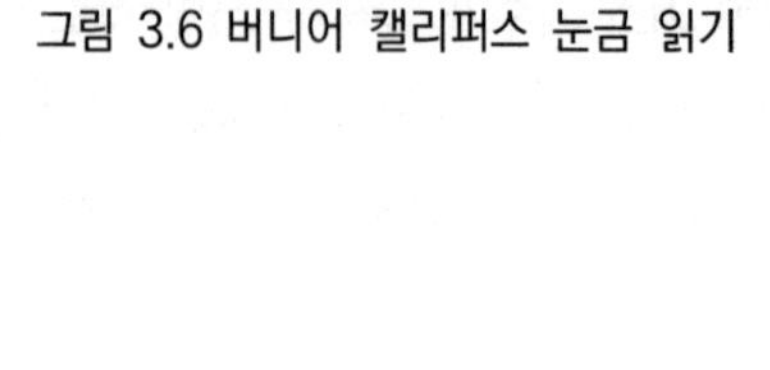

그림 3.6 버니어 캘리퍼스 눈금 읽기

눈금 읽기

① 그림 3.6에서 아들자의 0 눈금 바로 앞에 있는 어미자의 눈금을 읽어서 정수값으로 한다(10).
② 어미자와 아들자의 일치점을 찾은 후 일치점에 해당하는 아들자의 눈금을 읽어 소수값으로 한다(0.35).
③ 두 값을 합한다(10.35).

1. Read this English vernier caliper. _______________

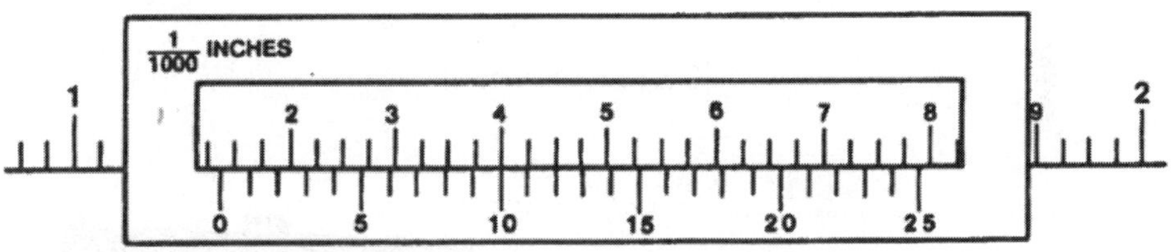

2. Read this English vernier caliper. _______________

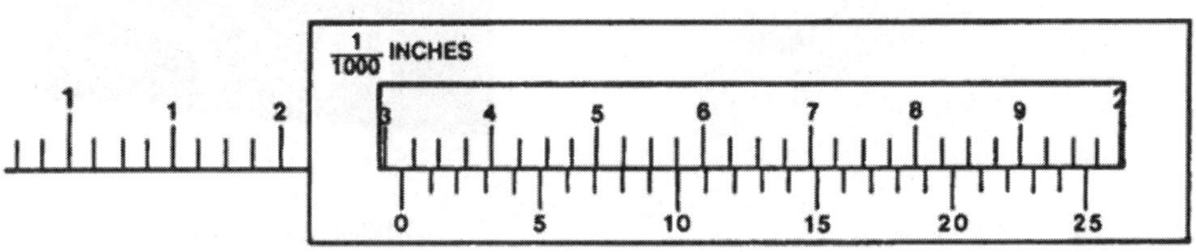

3. Read this English vernier caliper. _______________

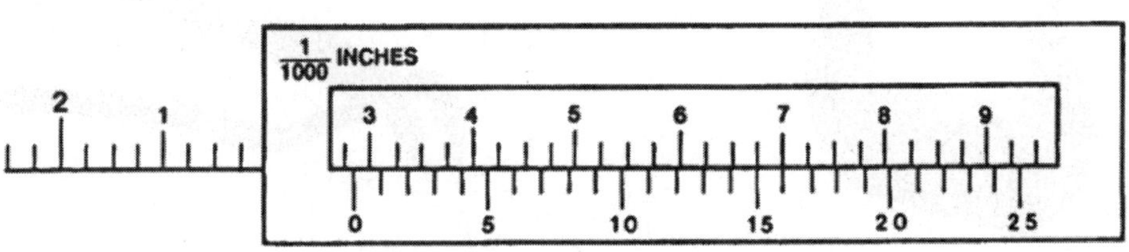

그림 3.7 버니어 캘리퍼스 눈금 읽기 연습

3.3 기타 공구

[Gauge, cylinder bore]

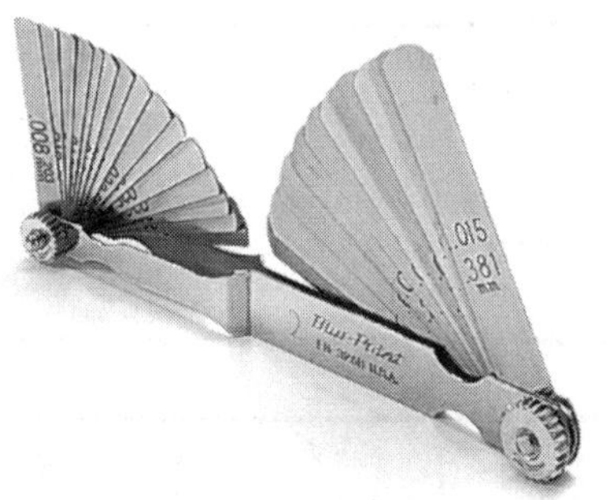

[Feeler gage]

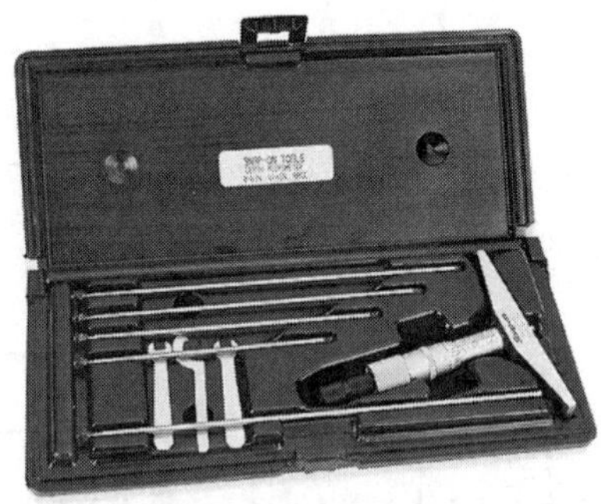

[Micrometer, depth]

[Micrometer]

[Pliers, adjustable joint]

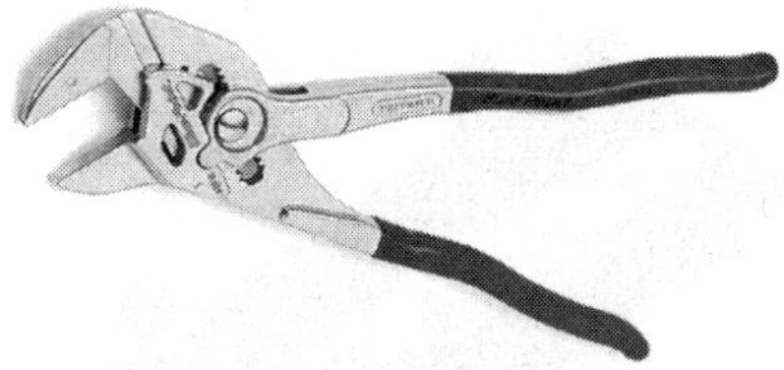

[Pliers wrench, adjustable joint]

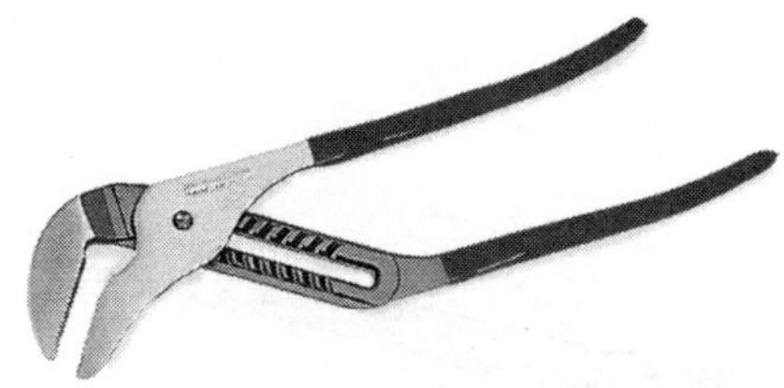

[Pliers, adjustable joint, interlocking channel, chrome]

[Pliers, combination slip-joint, heavy-duty]

[Cutters, diagonal, medium duty]

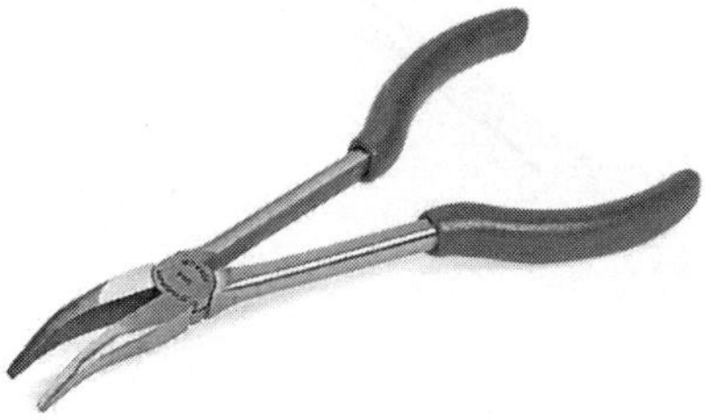

[Pliers, needle nose, mini, 35° bent nose]

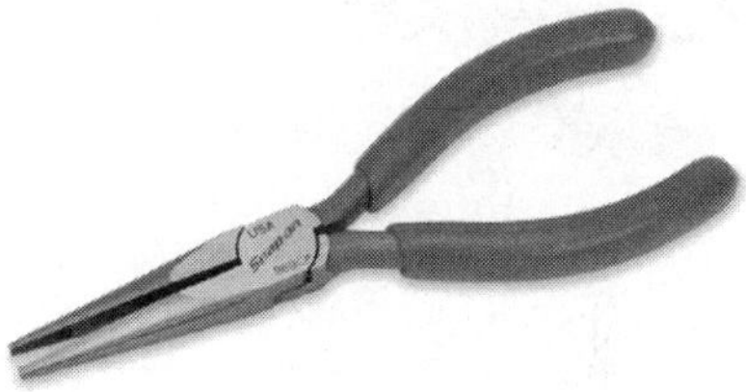

[Pliers, needle nose, vinyl grips]

[Socket, spark plug, universal]

[Torque wrench, adj. click-type, metric, fixed-ratchet]

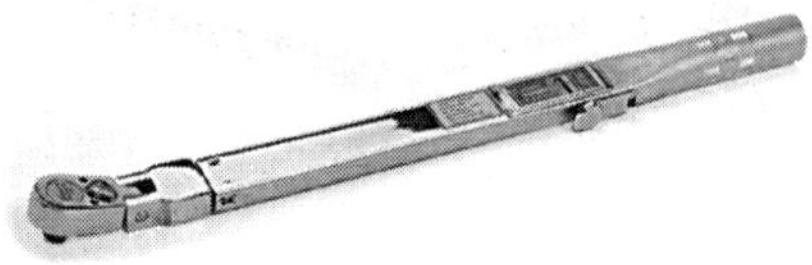

[Torque wrench, adj. click-type, U.S., flex-ratchet]

[Torquemeter, U.S./Newton meter, follow-up]

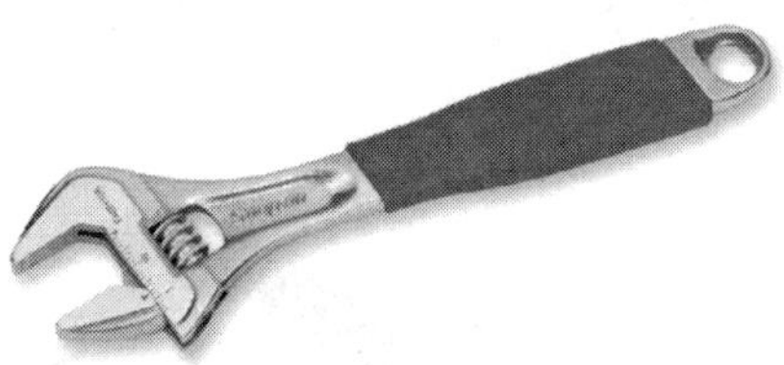

[Wrench, adjustable, flank drive plus]

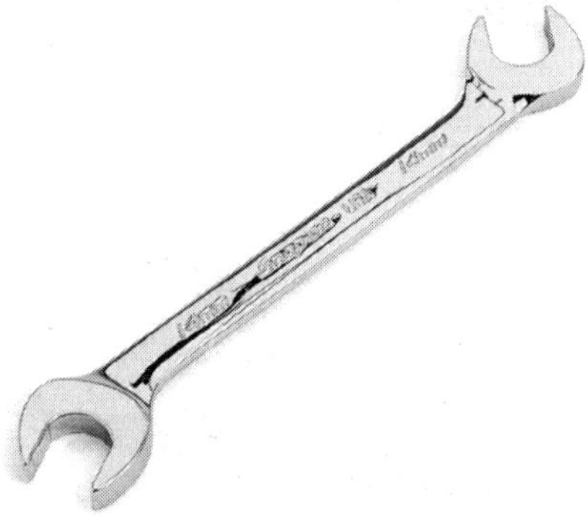

[Wrench, open end, 4-way angle head, flank drive plus]

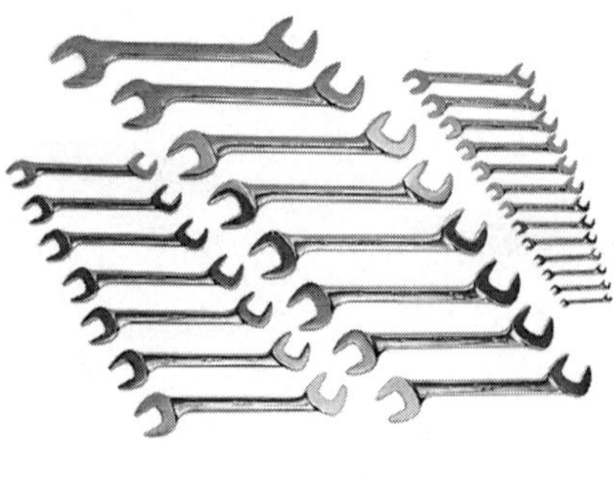

[Set, wrench, open end, 4-way angle head]

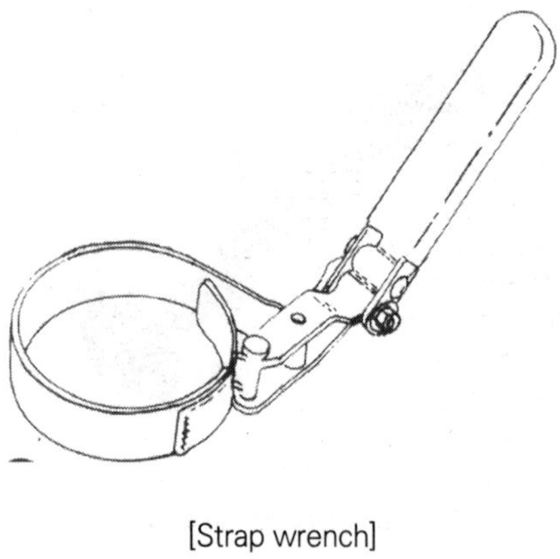

[Strap wrench]

Steel로 된 스프링으로 둘러싸서 핸들을 잡아당김으로써 단단히 조여 주로 오일필터를 장탈/장착하는 데 사용한다.

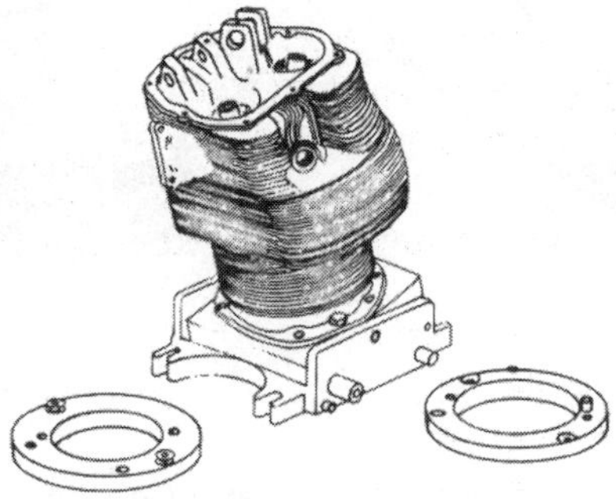

[Universal cylinder holding fixture]

매우 작은 공차가 요구되는 정밀고정장비이다. 수직밀(vertical mill)이나 드릴 작업에 적합하도록 되어 있다.

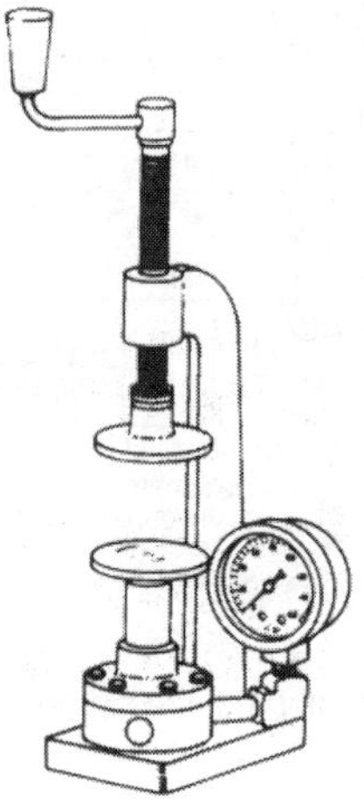

[스프링 장력 측정기]

밸브스프링 장력을 빠르고 쉽게 점검할 수 있다. 유압으로 작동되며 매우 정확한 눈금(0~160 pounds)을 제시한다.

[Piston ring compressors]

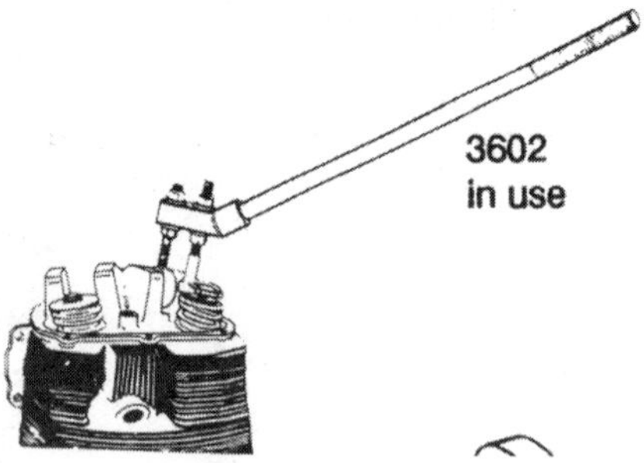

[Valve spring compressor]

로커축(rocker shaft)에 훅(hook)을 걸고 C-형 칼라(collar)로 스프링을 압축시켜 키퍼(keeper)를 제거할 수 있다. 응력을 받는 모든 부품은 열처리되어 있다.

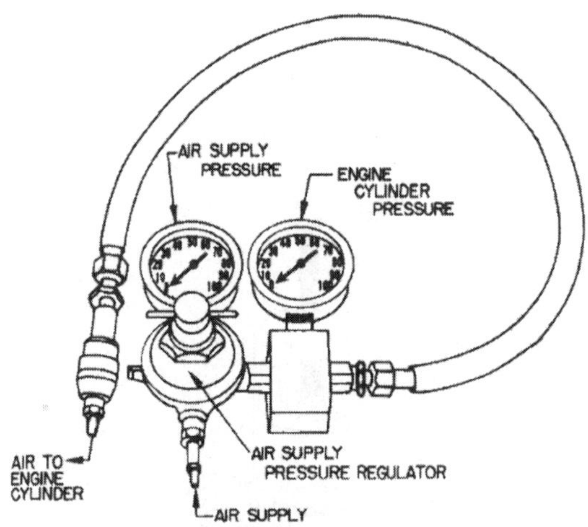

[Differential pressure cylinder checker]

표준 shop air를 사용하여 피스톤링, 실린더 벽 및 밸브의 누설점검을 한다.

제4장

왕복엔진 실린더 장탈/장착

4.1 기체로부터 엔진 떼어내기

각각의 부품들을 엔진으로부터 떼어내는 경우 각 부품에 마킹(marking)을 하거나 태그를 붙여서 재부착할 경우 쉽게 할 수 있도록 한다. 기체로부터 엔진을 떼어내는 경우 각 부품들은 다음 절차에 따라 떼어낸다.

1) 조종실의 모든 스위치를 끄고 연료선택밸브를 차단시킨다.
2) 섬프에 있는 엔진오일을 완전히 빼낸다. Drain plug를 다시 장착한다.
3) 배터리 접지케이블을 분리시킨다.
4) Starter cable을 분리시킨다.
5) 태그를 붙이고 다음 구성품들로부터 engine wiring bundle을 분리시킨다.
   - Magnetos
   - Alternator
   - Tacho generator
   - Oil temperature sensor
   - Cylinder head temperature sensor
   - EGT thermocouple probe(s)
   - Remove all clamps attaching engine wire bundle to engine components and route clear of the engine.
6) 프로펠러, 스로틀, mixture control 등의 케이블을 떼어낸다.
7) 엔진으로부터 연료, manifold pressure, 오일 등의 호스를 떼어낸다.
8) 배기계통을 떼어낸다.
9) 기체 제작자 지침(airframe manufacturer's instructions)을 참고하여 프로펠러를 떼어낸다.
10) 기체 제작자 지침을 참고하여 기체와 엔진 연결부를 떼어낸다.
    - Engine lifting eye에 호이스트(hoist)를 연결하고 들어올린다. 엔진을 들어올리기 이전에 비행기 꼬리 부분 아래에 적당한 스탠드를 놓아야 한다. 이는 엔진을 들어 올리는 경우 비행기 무게중심이 달라져 꼬리 부분이 내려앉을 수 있기 때문이다.
11) 엔진 마운트(engine mount)를 떼어낸다.

12) 호이스트를 이용하여 나셀(nacelle)로부터 엔진을 수직으로 꺼낸다.

13) 엔진을 이송용 스탠드, 돌리(dolly) 또는 엔진 이동 콘테이너 바닥에 올려 놓는다.

4.2 준비물

실린더를 장탈/장착하기 위해서는 그림 4.1에 나타나 있는 것과 같은 준비물이 필요하다.

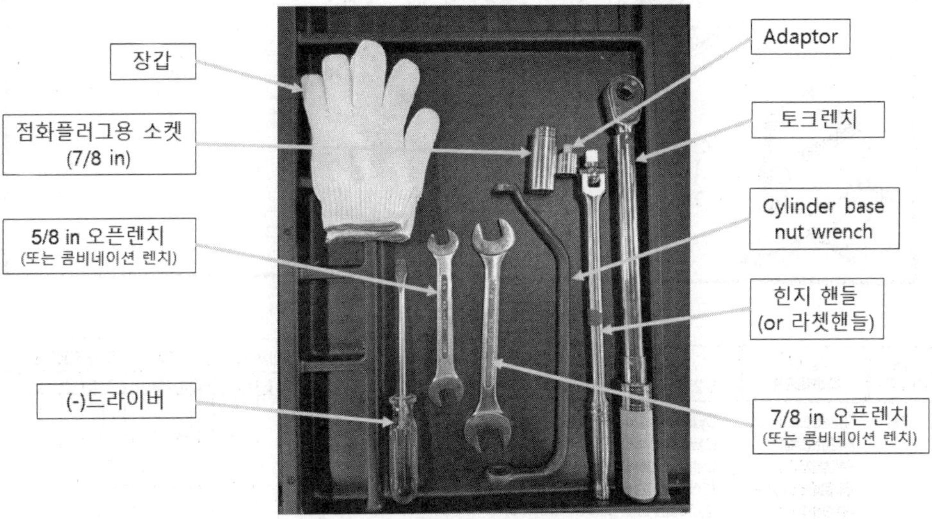

그림 4.1 실린더 장탈/장착 준비물

4.3 실린더 장탈

그림 4.2에 O-470 수평대향형엔진 실린더 부품 명칭이 나타나 있다. 그림 4.3에는 실린더 주요 구성품이 나타나 있다.

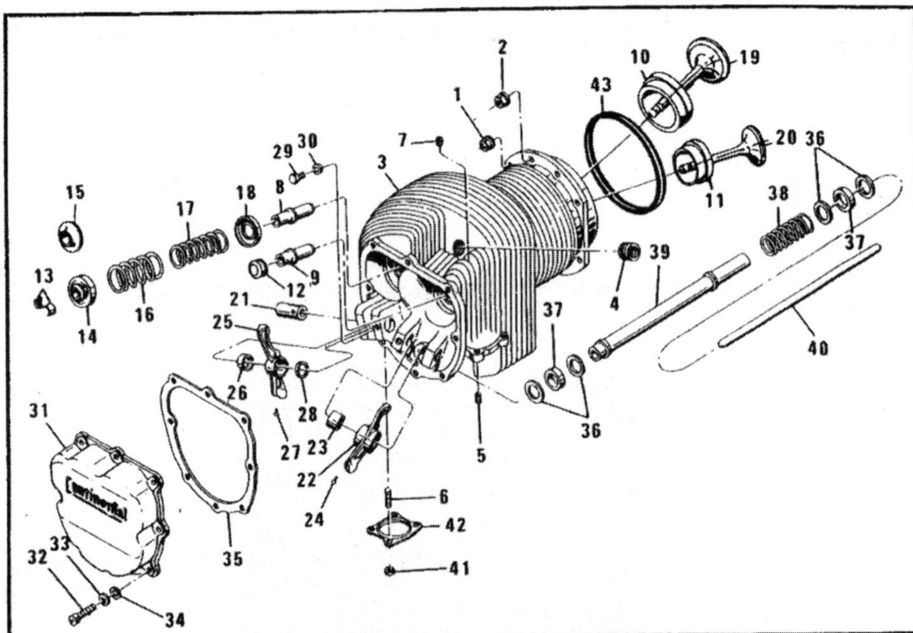

FIGURE 18 - CYLINDER ASSEMBLY
MODELS O-470-B,G,K,L,M,P,R,S,U

FIG. INDEX	PART NUMBER		1 2 3 4 5 DESCRIPTION	A	B	E	G	J	K	L	M	P	R	S	U
				QUANTITY PER ASSEMBLY											
18-	539492A1		Cylinder and Valve Assembly		6										
	642068A3		Cylinder and Valve Assembly				6		6	6	6	6			
	642068A1		Cylinder and Valve Assembly										6	6	
	642068CP-A1	①	Cylinder and Valve Assembly				op		op	op	op	op	op	op	
	641962A1		Cylinder and Valve Assembly												6
			ATTACHING PARTS												
-1	634505		Nut, Flanged		12		12		12	12	12	12	12	12	12
-2	531001		Nut, Flanged		36		36		36	36	36	36	36	36	36
			* * * *												
-3	539492		. Cylinder Assembly		1										
-3	642068		. Cylinder Assembly				1		1	1	1	1	1	1	
-3	642068CP	①	. Cylinder Assembly				op		op	op	op	op	op	op	
-3	641962		. Cylinder Assembly												1
-4	520112		. . Insert, Spark Plug, 18mm		2		2		2	2	2	2	2	2	
-4	520112-1		. . Insert, Spark Plug, 18mm												2
-5	MS122121		. . Insert, 1/4 - 20		4		4		4	4	4	4	4	4	4
-6	401804	†	. . Stud, 1/4 x 1-1/16 Inch Long		4										
-6	401893	†	. . Stud, 1/4 x 1-1/4 Inch Long				4		4	4	4	4	4	4	4
-7	629518-1H		. . Plug, 1/8 Inch NPTF		1		1		1	1	1	1	1	1	1
-8	631496	†	. . Guide, Valve		2		1		1	1	1	1	1	1	1
-9	641960	†	. . Guide, Valve, Intake				1		1	1	1	1	1	1	1
-10	35966	†	. . Insert, Intake Valve Seat, 45 Degrees		1										
-10	630591	†	. . Insert, Intake Valve Seat, 30 Degrees				1		1	1	1	1	1	1	1

FIG. INDEX	PART NUMBER		1 2 3 4 5 DESCRIPTION	QUANTITY PER ASSEMBLY											
				A	B	E	G	J	K	L	M	P	R	S	U
18-11	35967	†	. . Insert, Exhaust Valve Seat		1		1		1	1	1	1	1	1	1
-12	641952A1	②	. Seal Assembly, Valve Guide Intake				1		1	1	1	1	1	1	1
-13	24802		. Key, Valve Spring Retainer		4		4		4	4	4	4	4	4	4
-14	629117		. Rotocap, Exhaust Valve Spring Outer		1		1		1	1	1	1	1	1	1
-15	35971		. Retainer, Intake Valve Spring Outer		1		1		1	1	1	1	1	1	1
-16	520105		. Spring, Valve Outer		2		2		2	2	2	2	2	2	2
-17	637836		. Spring, Valve Inner		2		2		2	2	2	2	2	2	2
-18	625393		. Retainer, Valve Spring, Inner		2		2		2	2	2	2	2	2	2
-19	625821		. Valve, Intake, 45 Degrees		1										
-19	539988		. Valve, Intake, 30 Degrees				1		1	1	1	1			1
-19	625782		. Valve, Intake, 30 Degrees										1	1	
-20	626540		. Valve, Exhaust		1		1		1	1	1	1	1	1	
-20	637781		. Valve, Exhaust												1
-21	539740		Shaft, Valve Rocker		12		12		12	12	12	12	12	12	12
-22	539742		Rocker Assembly, Intake Valve		6		6		6	6	6	6	6	6	6
-23	639629		. Bushing, Valve Rocker		1		1		1	1	1	1	1	1	1
-24	21007		. Screw, Round Head Drive		1		1		1	1	1	1	1	1	1
-25	641682		Rocker Assembly, Exhaust Valve		6		6		6	6	6	6	6	6	6
-26	639629		. Bushing, Valve Rocker		1		1		1	1	1	1	1	1	1
-27	21007		. Screw, Round Head Drive		1		1		1	1	1	1	1	1	1
-28	639573	†	Washer, Thrust		24		24		24	24	24	24	24	24	24
-29	537019		Screw, Hex Head, 5/16 x 17/32 Inch Long		12		12		12	12	12	12	12	12	12
-30	2473		Washer, Plain		12		12		12	12	12	12	12	12	12
-31	625615		Cover, Rocker Valve		6		6		6	6	6	6	6	6	6
			ATTACHING PARTS												
-32	535118		Screw, Fillister Head, 5/16 x 17/32 Inch Long		48		48		48	48	48	48	48	48	48
-33	MS35338-44		Washer, Lock		48		48		48	48	48	48	48	48	48
-34	20522		Washer, Plain		48		48		48	48	48	48	48	48	48
			* * * *												
-35	534857	&	Gasket, Rocker Valve Cover		6		6		6	6	6	6	6	6	6
-36	534609		Washer, Pushrod Housing		48		48		48	48	48	48	48	48	48
-37	534610	&	Packing, Pushrod Housing		24		24		24	24	24	24	24	24	24
-38	626147		Spring, Pushrod Housing		12		12		12	12	12	12	12	12	12
-39	537296		Housing, Pushrod		12		12		12	12	12	12	12	12	12
-40	538304		Pushrod		12		12		12	12	12	12	12	12	12
-41	21247		Nut, Hex		24		24		24	24	24	24	24		
-41	536038		Nut, Hex		op		op		op	op	op	op	op	24	24
-42	631544	&	Gasket, Exhaust Flange		6		6		6	6	6	6	6	6	6
-42	628260		Gasket, Exhaust Flange, Spirotallic		op		op		op	op	op	op	op	op	op
-43	532200	&	Packing Ring Cylinder-to-Crankcase		6		6		6	6	6	6	6	6	6

그림 4.2 실린더 부품 명칭 (O-470)

그림 4.3 실린더 주요 구성품

실린더를 장탈하는 절차는 다음과 같다.

1) 작업할 실린더의 피스톤이 원활하게 움직이도록 조치하고, 정전기 피해 방지를 위해 그림 4.4에 나타나 있는 것처럼 각 실린더의 점화플러그를 하나씩 장탈한다.
   - 이때 소켓렌치와 힌지핸들을 사용하여 이물질이 들어가지 못하도록 아래쪽 플러그를 먼저 장탈하고, 위쪽 플러그를 장탈한다.
   - 점화플러그 장탈/장착 시에는 정전기 피해 방지를 방지하기 위하여 반드시 장갑을 착용해야 한다.

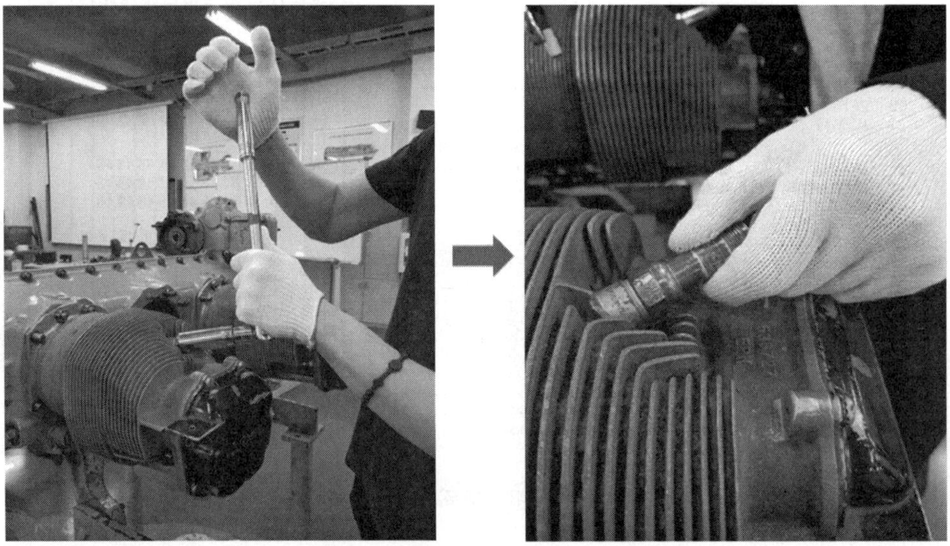

그림 4.4 점화플러그 떼어내기 작업

2) 로커암 커버를 떼어낸다.
   - 그림 4.5에서 볼 수 있는 것처럼 (-)자 드라이버를 사용하여 아래쪽 스크류(screw)부터 푼다. 로커암(rocker arm) 박스 내부를 살펴보고 이상이 있는지 확인한다. 이때 금속 가루 존재 여부를 파악한다.

그림 4.5 로커암 커버 떼어내기 작업

3) 프로펠러를 회전방향으로 돌려서 피스톤이 압축 상사점에 오도록 한다.
   - 두 밸브 중 처음 배기밸브가 열렸다 닫힐 때쯤 흡기밸브가 열린다. 다시 더 돌리면 흡기밸브가 닫히는데 일반적으로 흡기밸브는 압축행정 하사점이 지난 60°(ABC 60°) 쯤에 닫히기 때문에 곧 압축 상사점에 도달한다. 이는 점화플러그 장착구멍을 통해 확인 가능하다.
   - 피스톤이 압축 상사점에 위치하고 있는지를 확인하는 또 다른 방법은 그림 4.6에 나타나 있는 것처럼 양쪽 엄지손가락을 이용하여 푸시로드 쪽 로커암을 푸시로드 방향으로 수직으로 눌렀을 때 밸브스템엔드와 여기에 맞닿는 로커암 끝단부 사이에 유격이 발생하면 피스톤이 압축 상사점에 위치한 것이다. 피스톤이 압축 상사점에 위치하는 경우 두 밸브가 모두 닫힌 상태이며, 이때 로커암 끝단부가 밸브스템엔드에서 떨어져 있는 상태가 된다. 이 상태에서 푸시로드 쪽 로커암을 푸시로드 방향으로 수직으로 누르면 밸브스템엔드와 여기에 맞닿는 로커암 끝단부 사이에 유격이 발생한다. 피스톤을 압축 상사점에 위치시키는 이유는 이 상태에서 로커암에 부하가 걸리지 않으며, 이로 인해 로커암 축을 쉽게 밀어내서 떼어낼 수 있기 때문이다. 참고로, 냉각핀이 많은 쪽이 배기밸브이다.

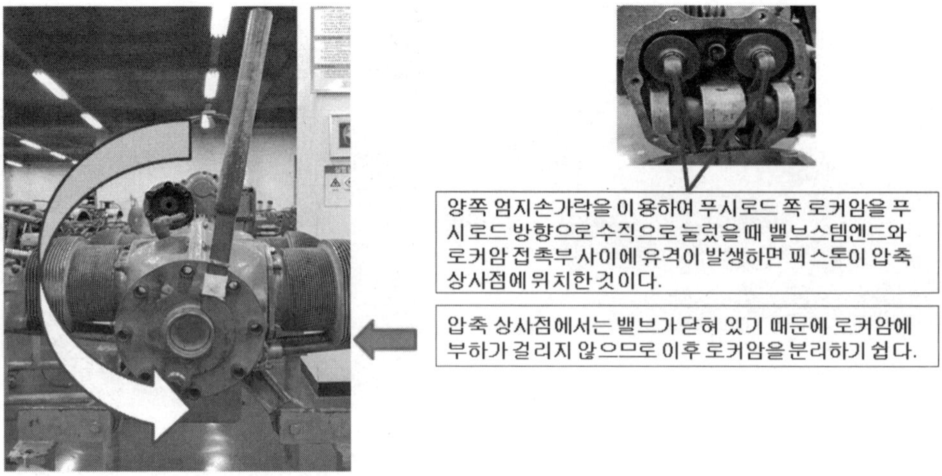

그림 4.6 피스톤 압축 상사점에 위치시키기

4) 로커암 축 고정볼트를 풀어낸다. 참고로, 고정볼트가 없는 엔진도 있다.

5) 로커암 축을 밀고 로커암을 떼어낸다.

- 그림 4.7에서처럼 로커암 축을 좌측(우측)으로 밀고 우측(좌측) 로커암을 빼낸다. 성형 엔진이나 O-360엔진의 로커암 핀(2개)은 좌우에 볼트로 고정되어 있다. 만약 축이 잘 움직이지 않으면 로커암에 푸시로드가 닿는 쪽을 가볍게 누르면서 작업하면 된다. 로커암을 제거했으면 축을 원래의 위치에 놓고 고정볼트를 손으로만 고정시킨다.

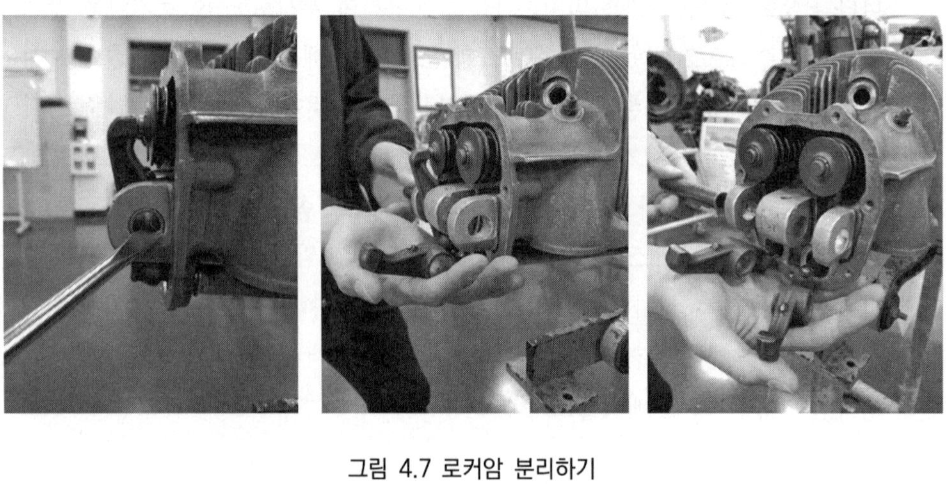

그림 4.7 로커암 분리하기

6) 푸시로드 하우징 속에서 푸시로드를 빼낸다.

- 푸시로드 및 푸시로드 하우징 분리 시 푸시로드와 로커암은 오일이 묻어 있는 부품이므로 특히 이물질이 묻지 않도록 헝겊을 깔고 구르지 않도록 각별히 주의하여 보관해야 한다. 그림 4.8에 푸시로드 및 푸시로드 하우징을 분리하는 작업이 나타나 있다.

그림 4.8 푸시로드 및 푸시로드 하우징 분리하기

7) 푸시로드 하우징에서 와셔, 패킹, 스프링을 제거한다.

- O-360 엔진인 경우 하우징의 스프링을 크랭크 케이스 쪽으로 밀면서 빼낸다.
- 스프링을 손으로 누르기 힘들면 그림 4.9에 나타나 있는 푸시로드 스프링 압축기를 사용한다.

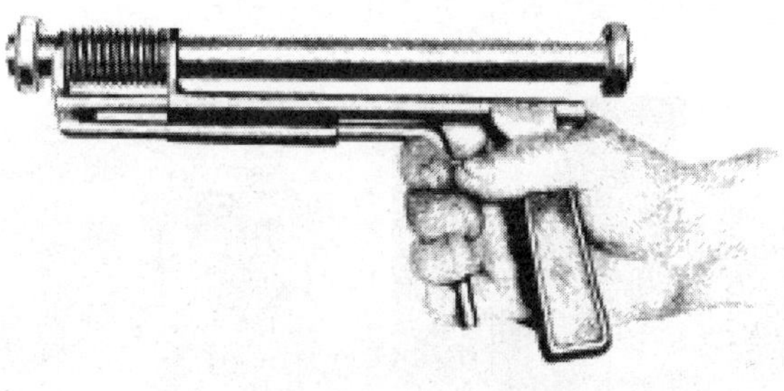

그림 4.9 푸시로드 스프링 압축기

8) 실린더 렌치에 힌지핸들을 함께 사용하여 실린더 고정너트를 풀어낸다. 이때 12시 방향에 있는 한 개의 너트는 제외하고 작업한다.

- 공구(5/8 in 오픈렌치)를 사용하여 대각선 방향으로 토크를 해제시킨다. 너트를 풀어내는 작업은 안전하고 신속하게 하는 것이 가장 좋다. 따라서 렌치를 사용하여 토크를 해제시키되 손으로 풀어낼 수 있을 정도가 되면 그 이후에는 손으로 풀어낸다. 그림 4.10에 나타나 있는 것처럼 12시 방향에 있는 한 개의 너트는 실린더가 아래로 떨어질 염려가 있으므로 반드시 남겨 두어야 한다.

그림 4.10 실린더 고정너트 해제하기

9) 한 손으로 실린더를 받치고 다른 한 손으로 마지막 남은 너트를 푼다.

10) 실린더를 크랭크 케이스로부터 떼어낸다.

- 그림 4.11에 나타나 있는 것처럼 피스톤이 아래로 떨어지지 않도록 한 손은 피스톤을 지탱하고 다른 손으로 실린더를 천천히 뽑아낸다.

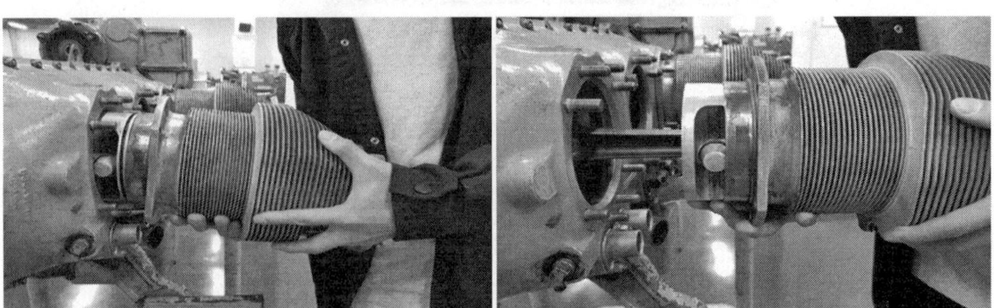

그림 4.11 실린더 떼어내기

11) 만약 피스톤마저도 떼어낼 경우 피스톤 핀을 제거(피스톤 핀을 좌측이나 우측으로 밀면서 제거)하면 피스톤이 분리된다. 혹시 피스톤 핀이 빠지지 않도록 하기 위해서 알루미늄 플러그가 있는 경우에는 이를 먼저 빼고 작업을 수행한다. 일반적으로 시험장에서는 이 작업을 수행하지 않는다. 그림 4.12에 피스톤 떼어내기 절차가 나타나 있다.

그림 4.12 피스톤 떼어내기

12) 커넥팅로드를 떼어내는 경우 반대편의 실린더를 제거하고 크랭크 케이스 내부의 크랭크 핀에 커넥팅로드를 연결한 캐슬너트(castellated nut)와 코터 핀(cotter pin)을 빼낸 후에 커넥팅로드를 풀어낸다. 시험장에서는 하지 않는다.

실린더 떼어내기 작업을 할 때는 그림 4.13에 나타나 있는 것처럼 떼어낸 부품을 순서대로 정리하면서 작업해야 한다.

그림 4.13 실린더 떼어내기 작업 시 떼어낸 부품 정리 모습

4.4 실린더 장착

실린더를 장착하기 위한 준비사항은 다음과 같다.

- 떼어낸 부품의 이상 유무를 검사한다.
- 실린더 내벽은 오일을 약간 묻힌 깨끗한 천으로 닦아준다.
- 푸시로드를 오일통 속에 비스듬히 담구어 놓는다.
- 피스톤은 상사점에 위치하도록 한다.
- 소모성 자재(패킹, 개스킷 등)를 준비한다.

1) 만약 피스톤을 장탈했다면 피스톤을 장착한다.

- 피스톤 핀을 깨끗하게 닦아주고 윤활유를 바른다. 피스톤과 실린더의 위치 번호가 맞는지 확인하고, 피스톤의 위치번호가 찍힌 곳이 앞쪽으로 향하게 하고 부품번호(Part No.)가 12시 방향이 되도록 하여 피스톤 핀을 끼워 고정시킨다. 이 작업을 쉽게 수행하기 위하여 피스톤은 상사점에 위치하고 있어야 한다.

2) 피스톤에 실린더를 끼운다. 그림 4.14에 전체적인 작업 과정을 나타냈다.

- 피스톤은 상사점에 놓아둔 상태로 있어야 한다.
- 실린더 내부를 닦고 윤활유를 바른다.
- 실린더 패킹은 새 것으로 교환한다.
- 실린더 고정너트 한 개를 준비한다.
- 피스톤링 조이개를 이용하여 링을 조인 후 실린더를 천천히 밀어 넣는다. 그림 4.15에 피스톤링 조이개를 나타냈다.
- 실린더가 제자리에 들어갔으면 12시 방향에 준비한 너트를 이용하여 손으로 신속히 체결한다.
- 피스톤링의 끝 간격은 각기 다른 곳(360°를 링의 개수로 나눈 값: 기밀을 효과적으로 유지시키기 위함)에 위치하도록 한다.
- 오일 누설을 방지하기 위하여 오일링 조인트 부위는 항상 12시 방향에 오도록 한다.

그림 4.14 피스톤 및 실린더 조립하기

그림 4.15 피스톤링 조이개 (Piston ring compressor)

3) 나머지 너트를 끼운 후에 체결한다.

- 먼저 손으로 너트를 조인 후 공구를 사용하여 전체적으로 느슨하게 체결한 후, 그림 4.16에 나타나 있는 것처럼 대각선 방향으로 토크 한다. 이때 규정된 토크 값은 650 in-lb이나 시험 감독관의 지시에 따른다.

그림 4.16 실린더 너트 체결하기

4) 푸시로드 하우징에 와셔, 패킹, 스프링을 장착하고 고정시킨다. (2개)
   - 스프링으로 고정되는 경우에는 스프링을 압축시켜 끼워넣고 그대로 놓으면 된다. 그림 4.17에 푸시로드 하우징을 조립하는 모습이 나타나 있다.

그림 4.17 푸시로드 하우징 조립하기

5) 푸시로드를 하우징 속으로 넣는다.
   - 푸시로드 속에 오일이 채워져 있도록 한쪽을 손으로 막고 넣어야 한다. 푸시로드는 오일에 담궈둔 뒤 장착해야 하는데, 이는 오일이 채워져 있지 않으면 처음 작동 시 로커 암 핀에 얼마 동안은 윤활이 되지 않기 때문이다. 그림 4.18에 푸시로드 조립하는 모습이 나타나 있다.

그림 4.18 푸시로드 조립하기

6) 로커암과 로커암 축 구멍이 일치하는지를 확인하고 로커암 축을 끼우고 축 고정볼트를 장착한다. 2번 반복한다. (흡기/배기)
   - 로커암 축을 넣을 때 그림 4.19에 나타나 있는 것처럼 푸시로드와 닿는 부분을 누르면서 넣는다.

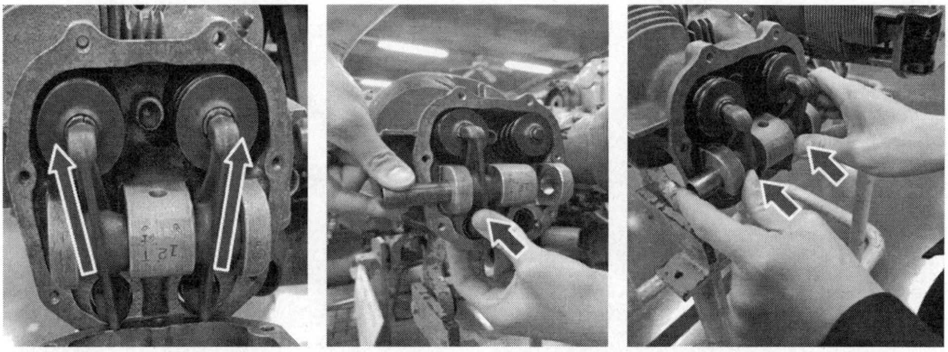

그림 4.19 로커암 조립하기

7) 프로펠러를 돌려서 작동상태가 고른지, 밸브는 정상적으로 작동되는지 확인한다. 만약 이상이 있는 경우에 당황하지 말고 다시 분해하여 처음부터 다시 시작한다.
8) 확인하여 이상이 없는 경우에는 로커암 커버를 장착한다. 이때 개스킷은 새것을 사용한다.
   - 로커암 커버 조립 시에도 그림 4.20에 나타나 있는 것처럼 12시 방향에 있는 스크류를 먼저 장착한다.

그림 4.20 로커암 커버 조립하기

9) 점화플러그를 장착한다.

- 점화플러그를 조일 때 반드시 와셔를 장착하고 규정된 값(350 in-lb)으로 토크해야 한다. 그림 4.21에 점화플러그 조립 모습을 나타냈다.

그림 4.21 점화플러그 조립하기

10) 작업을 마쳤으면 혹시 볼트, 너트 등이 남았는지 확인한다. 만약 남았다면 어느 부분에서 빠져있는 것이 틀림없다.

그림 4.22에 왕복엔진 실린더 장탈/장착 작업 완료 후 모습을 나타냈다.

그림 4.22 실린더 장탈/장착 작업 완료 후 모습

11) 사용한 공구나 장비를 원위치시킨 후에 주변을 깨끗하게 정리한다.

시험장의 엔진은 푸시로드 하우징이 스프링으로 고정되는 경우와 헤어핀으로 고정된 두 가지 경우가 있다.

4.5 실린더 장탈/장착 주의사항

1) 점화플러그 장탈/장착 시에는 정전기 피해를 방지하기 위하여 반드시 장갑을 착용해야 한다. 그 외의 작업에서는 장갑을 착용하지 않아도 된다.
2) 토크렌치를 부품 장탈/장착하는 데 사용하면 안 된다.
3) 토크렌치를 이용하여 토크를 준 후에 토크렌치는 반드시 다시 제로(zero) 세팅해야 한다.
4) 부품은 한 손에 한 개씩 핸들링해야 한다.

5) 부품을 탈착한 순서대로 작업대에 정리해야 한다.
6) 부품과 공구를 바닥에 떨어뜨리지 말아야 한다.
7) 부품과 공구는 별도로 보관한다.

제5장

왕복엔진 실린더 내경 측정

그림 5.1에 대표적인 실린더 형상과 명칭이 나타나 있다. 실린더 배럴은 내열성과 강성을 동시에 보유한 Cr-Mo강이나 Ni-Cr-Mo강을 사용하여 제작한다. 실린더 배럴 내면은 피스톤 링과의 마찰에 의한 손상을 줄이기 위하여 표면을 경화시킨다. 내마모성을 향상시키기 위한 표면경화 방법에는 질화처리와 크롬도금이 있다. 질화처리는 강으로 제작된 실린더 배럴을 고온 환경(523°C)에서 암모니아 또는 시안 가스에 40시간 이상 노출시키는 방법이다. 이렇게 하면 강의 표면에 질소가 수천분의 1 인치 두께로 흡수되어 표면이 질화강으로 변하면서 경도가 증가하여 내마모성이 향상된다. 그러나 질화처리를 하더라도 실린더 배럴은 피스톤이 운동하는 통로로서 피스톤링과의 마찰에 의한 마모가 발생하기 쉽다. 실제로 실린더를 오랜 기간 사용하면 그림 5.2에 나타나 있는 것처럼 실린더 배럴 내벽과 피스톤 링과의 지속적인 마찰로 인하여 마모가 발생한다.

실린더 배럴에 마모가 진전되면 실린더 배럴 내벽과 피스톤링 사이에 간격이 발생하여 더 이상 기밀(sealing)이 유지되지 못하고 연료-공기 혼합가스가 크랭크실로 누출되는데, 이를 블로바이 가스(blowby gas)라 한다. 블로바이 가스가 발생하면 1) 엔진 출력 저하, 2) 크랭크실 폭발 위험, 3) 환경오염 등 심각한 문제가 발생한다. 따라서 실린더 배럴에 발생한 마모를 정확하게 파악하기 위하여 정밀한 실린더 내경 측정이 요구된다. 아울러 실린더 내경 측정 시에는 측정기구 및 측정오차 발생에 유의해야 한다.

실린더 배럴 마모는 그림 5.2에 나타나 있는 것처럼 피스톤 상사점 부근의 첫 번째 링 위치에서 가장 크게 발생하며, 하사점 위치에서도 이보다 작은 규모의 마모가 발생한다. 이런 반경방향의 마모는 피스톤 측압으로 인해서 발생하는데, 측압의 크기는 원주방향으로 일정하지 않고 커넥팅로드가 치우쳐 있는 반대방향 쪽으로 가장 크게 나타난다. 따라서 이 부분이 가장 많이 마모되어 실린더 형상이 타원으로 된다. 이런 경우 실린더 내경을 오버사이즈로 보링하거나 크롬도금을 한 후에 연마하여 원래 내경으로 가공하여 사용한다. 실린더 내경을 오버사이즈로 보링하는 경우에는 오버사이즈 크기를 구별하기 위하여 실린더 플랜지 바로 위에 색깔로 띠를 둘러 표시한다. 띠 색깔은 초록색(0.010 in), 노란색(0.015 in), 빨강색(0.020 in)을 사용한다. 크롬도금은 주로 실린더 배럴을 원형으로 재생하는 경우 사용한다. 한편, 크롬도금하여 원래의 내경으로 가공하는 경우에는 주황색 띠를 사용하여 표시한다. 크롬도금 실린더에는 주철로 제작한 피스톤링만을 사용해야 한다. 크롬도금은 질화처리에 비해 부식에 강한 특성을 가진다.

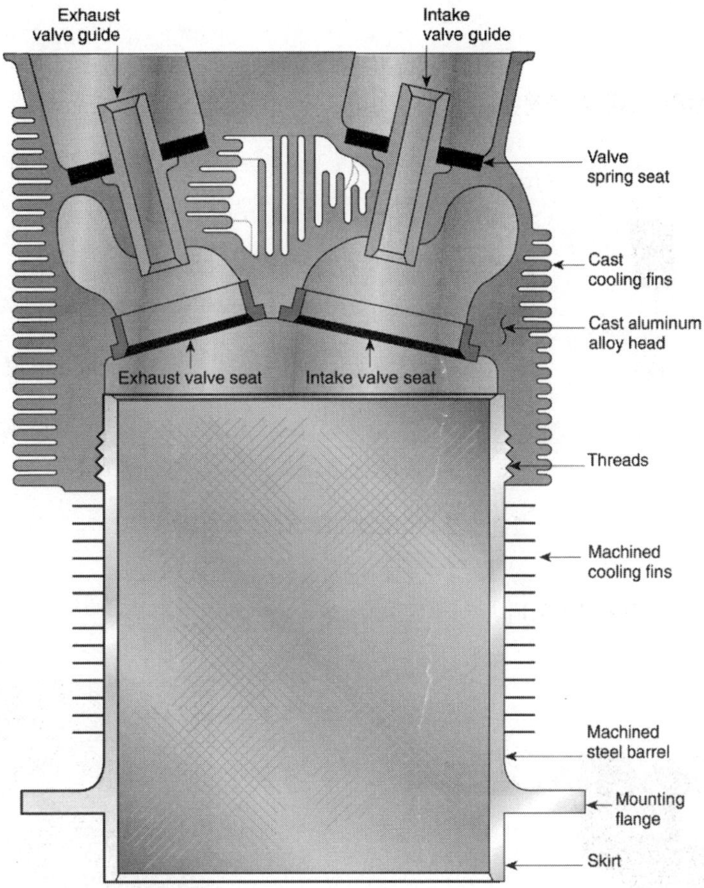

그림 5.1 대표적인 실린더 형상과 명칭

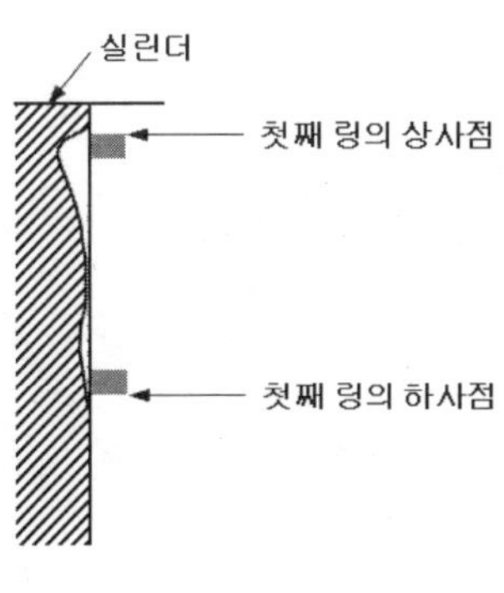

그림 5.2 실린더 마모 형태

5.1 준비물

1) 마이크로미터 (내경 측정용)

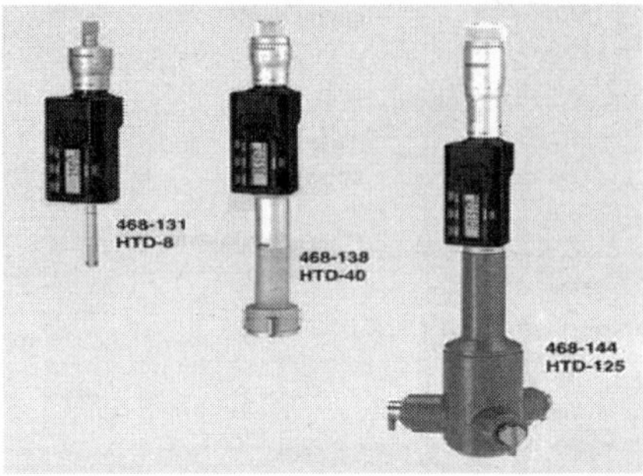

그림 5.3 마이크로미터 (내경 측정용)

2) 디지털 내경 마이크로미터

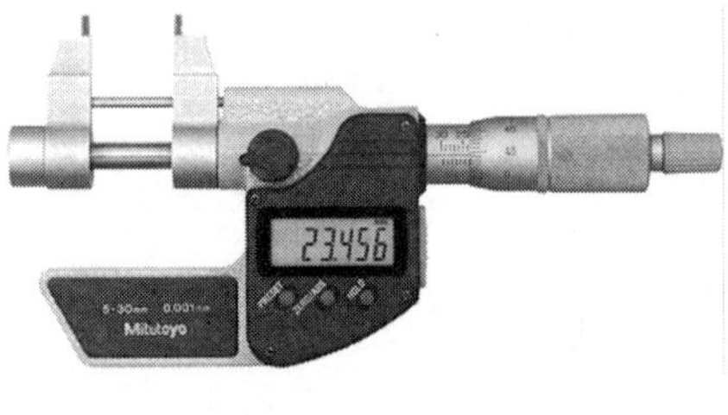

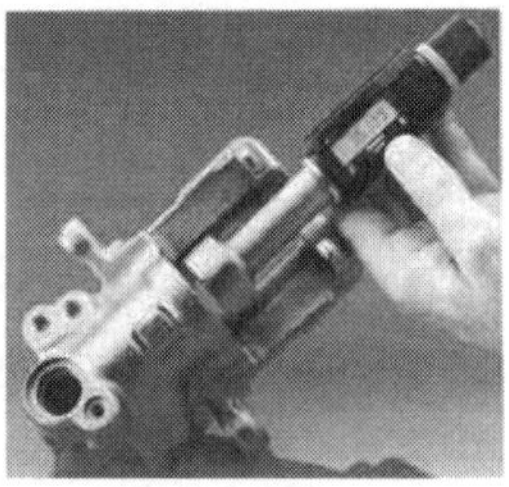

그림 5.4 디지털 마이크로미터

3) 텔레스코핑 게이지

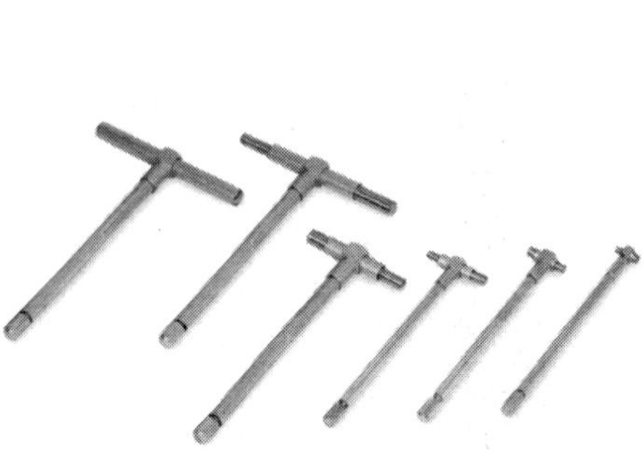

그림 5.5 텔레스코핑 게이지

스프링이 장착된 플런저가 확대되어 구멍의 내부지름이나 그루브(groove) 넓이를 측정하는 데 사용한다.

4) 마이크로미터

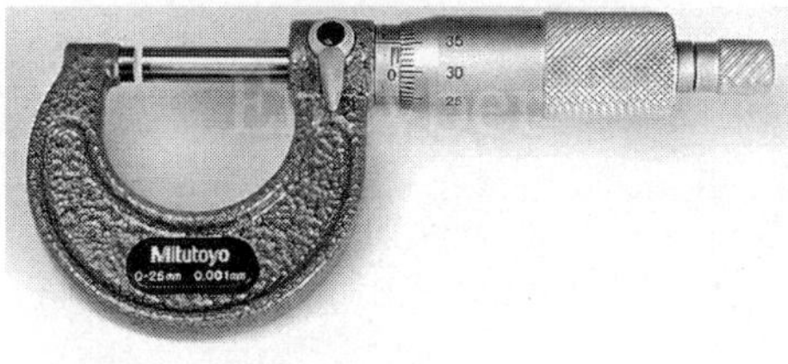

그림 5.6 마이크로미터

5) 보어게이지 (칼마형)

실린더 내경 측정에 많이 사용되며, 깊은 곳까지 내경측정이 가능하지만 직각 맞추기가 어렵다. 그림 5.7에 칼마형 보어게이지(bore gage)를 나타냈다.

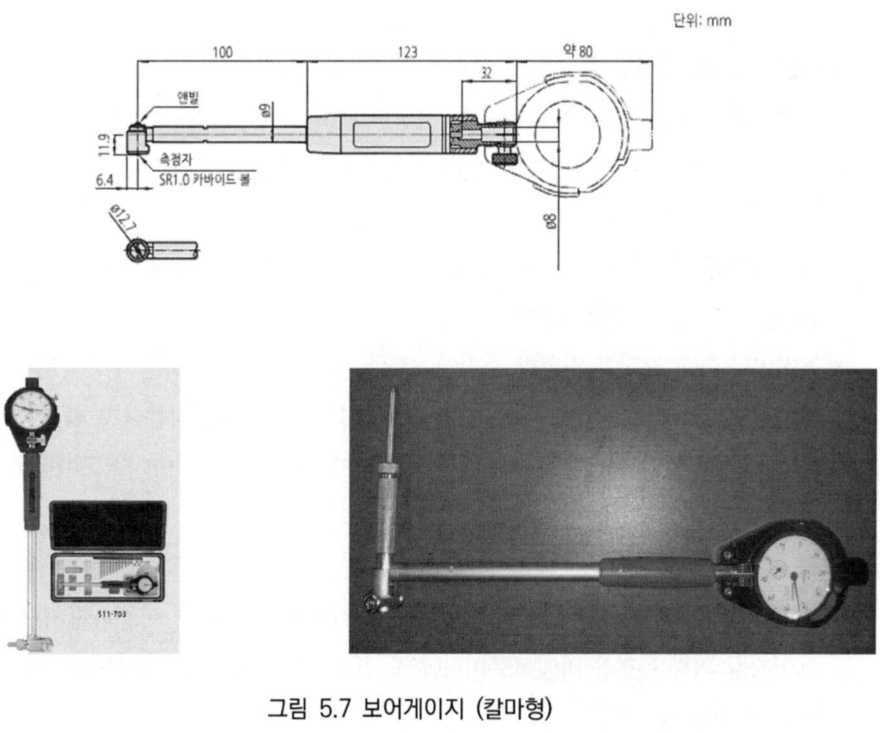

그림 5.7 보어게이지 (칼마형)

6) 보어게이지 (아메스형)

아메스형 보어게이지는 얕은 곳의 직경을 측정하기 쉬우며, 자연스럽게 직각이 맞추어진다. 그림 5.8에 아메스형 보어게이지가 나타나 있다.

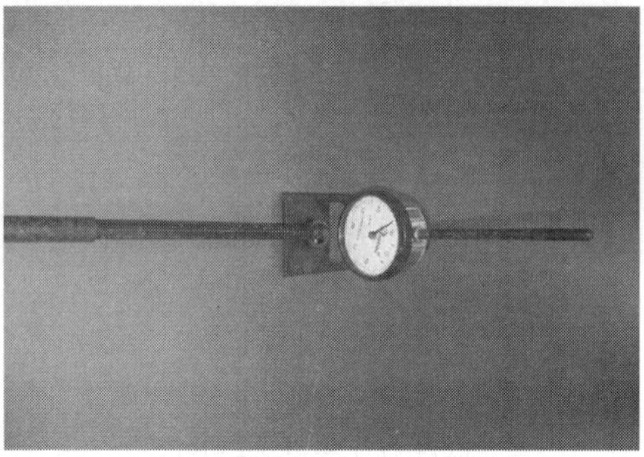

그림 5.8 보어게이지 (아메스형)

5.2 내경 측정 절차

1) 실린더 헤드가 아래로 향하도록 작업대 위에 올려놓는다.
   - 실린더를 거꾸로 놓기가 어려우면 적당한 스탠드가 있어야 한다.
   - 해당 엔진 매뉴얼을 확인하여 실린더의 표준 내경을 확인한다.
2) 정확한 측정을 위하여 실린더 내벽을 깨끗이 닦는다.
   - 육안검사를 실시하여 부식이나 긁힌 흔적이 있으면 정밀 샌드페이퍼(No. 400)로 갈아낸 후에 깨끗한 천으로 닦아낸다.
   - 부식이나 긁힌 흔적은 정확한 측정에 지장을 초래하며 큰 오차를 수반할 수 있다. 또한 깨끗한 실린더인 경우에도 정밀측정을 위하여 깨끗한 천을 이용하여 깨끗이 닦아준다.
3) 해당 엔진 매뉴얼에 정해진 측정 위치를 확인하고 내경 측정용 마이크로미터를 사용하여 내경을 측정한다.
4) 실기 시험장 측정 방식
   - 실제 시험장에서는 텔레스코핑 게이지(telescoping gage)를 이용하여 측정하고 다시 게이지를 외경 측정용 마이크로미터(4~5, 또는 5~6 inch짜리 1/10000 inch)로 측정하여 수치를 읽는다.

- 텔레스코핑 게이지의 끝부분을 시계반대방향으로 돌리면 그림 5.9에 나타나 있는 것처럼 측정용 바(bar)가 튀어 나온다. 측정부위에서 텔레스코핑 게이지의 끝부분을 시계방향으로 돌리면 측정된 내경값만큼 바가 고정된다.

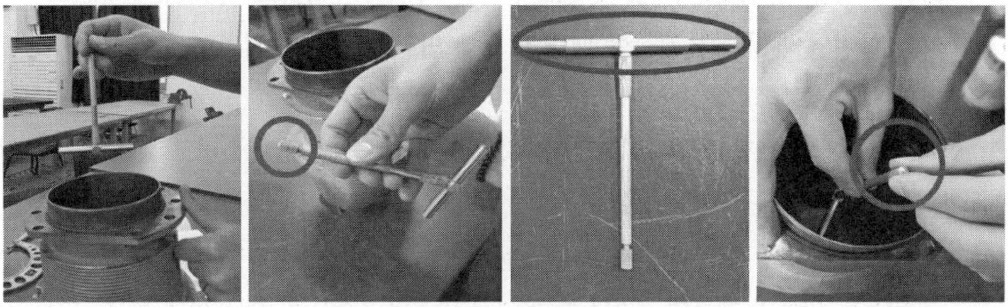

그림 5.9 텔레스코핑 게이지 사용법

- 인치식 마이크로미터는 0~1, 1~2, 2~3, 3~4, 4~5, 5~6 inch 규격으로 사용된다. 시험장에서는 4~5, 또는 5~6 inch짜리 마이크로미터를 사용한다.
- 그림 5.10에 나타나 있는 것처럼 실린더를 4등분하여 4번 측정하고 평균값을 계산하면 표준내경이 된다. 표준내경은 내경을 측정하는 데 기준이 된다.

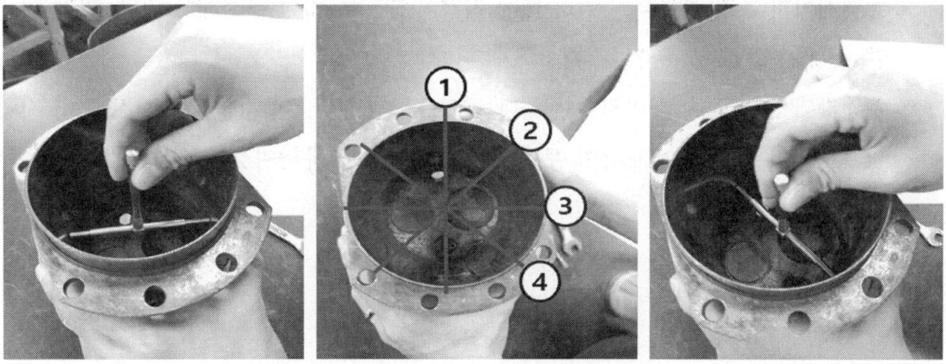

그림 5.10 실린더 내경 측정 방법

5) 보어게이지의 측정부를 표준내경으로 세팅한다.
   - 보어게이지의 측정부에 사용하는 여러 개의 연결막대(50, 60, 70, 80, 90 mm 등)가 있다. 측정부 길이가 50 mm로 되어 있으므로 만약 표준내경이 123 mm인 경우 70 mm짜리 막대와 3 mm짜리 막대를 함께 끼우면 된다.

- 실제로 세팅할 때는 1 mm 정도 크게 한다. 아울러 inch를 mm로 환산해야 한다. (1 inch = 25.4 mm)

6) 보이게이지 연결부에 다이얼 게이지(dial gage)를 "0" 세팅한다.
   - 외경 측정용 마이크로미터를 맞추고자 하는 치수로 세팅하고 락(lock)한다. (보어게이지에 다이얼 게이지를 결합할 때 많이 넣으면 다이얼 게이지의 수치가 증가하고, 덜 넣으면 감소한다)
   - 보어게이지의 측정부를 마이크로미터의 엔빌과 측정면 사이에 넣고 다이얼 게이지를 움직여서 눈금이 "0"이 되도록 한다.
   - 다이얼 게이지의 작은 바늘은 1 mm 눈금이며, 큰 바늘은 0.01 mm(1/100) 눈금이다.
   - 큰 바늘을 맞추기 힘들면 케이스를 돌려서 맞춘다. (손으로 잡는 쪽에 "0"이 되는 것이 정상이다)

7) 보어게이지를 실린더 내부에 넣고 8등분하여 8번 측정하고 행정길이 방향으로 3등분하여 3군데를 측정해서 기록한다. (총 24군데 위치에서의 측정값을 기록)
   - 측정 이전에 보어게이지의 측정부를 보면 눌렀을 때 들어갔다 나왔다 하는 것이 있다. 손으로 살며시 눌러서 눈금이 어디로 움직이는지 관찰한다.
   - 측정자가 눌리면 마모가 덜 된 부분이고 측정자가 나오면 마모가 많이 진전된 부분이다.
   - 보어게이지 측정 부분은 실린더 벽에 직각이 되도록 하여 측정해야 된다. 만약 어긋나면 실제의 값보다 큰 값을 지시하게 된다.
   - 측정값이 크면 클수록 마모가 심하다는 것을 의미한다. 이 값을 기준으로 정비 지침서에 나와 있는 값과 비교하여 보링이나 호닝작업을 통하여 진원상태로 만들어 준다.

제6장

왕복엔진 밸브스프링 압축시험

밸브스프링은 그림 6.1에 나타나 있는 것처럼 밸브를 밸브시트에 밀착시켜 연소실의 기밀을 유지시켜주는 기능을 수행한다. 밸브스프링은 밸브서징(valve surging)이 발생하지 않도록 그림 6.1과 6.2에 나타나 있는 것처럼 이중으로 설치한다. 스프링을 이중으로 설치하면 스프링 고유진동수가 높아진다. 밸브서징이란 밸브스프링의 작동 횟수가 스프링의 고유진동수와 동일하거나 또는 정수배가 되는 경우 캠에 의한 작동과는 관계없이 스프링에 공진이 생기는 현상을 말한다. 밸브서징이 발생하면 밸브스프링의 코일 간격이 주기적으로 좁게 되거나 넓게 되어 스프링 진동에 의해 밸브가 진동하여 밸브의 개폐시기가 어긋난다. 또한 부분적으로 큰 압축력이나 변형이 생겨 스프링이 손상되거나 밸브시트의 마모가 촉진된다.

한편, 스프링을 이중으로 설치하면 스프링 1개가 절손 되더라도 밸브가 정상적으로 작동한다. 이중 스프링의 하중은 바깥쪽 큰 스프링이 60%, 내측이 40% 정도를 분담한다.

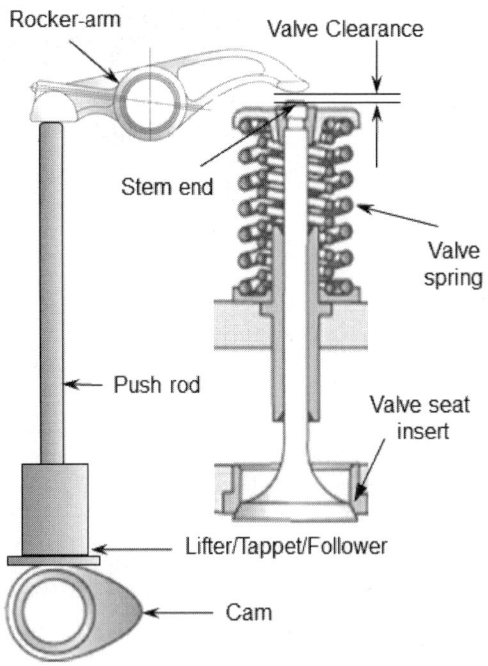

그림 6.1 밸브 시스템

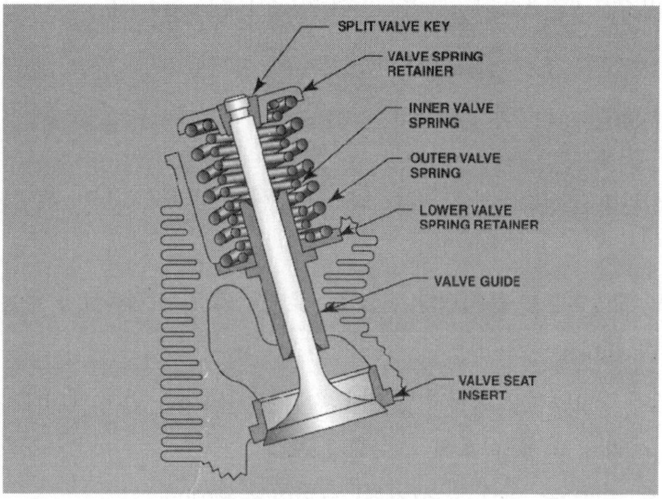

그림 6.2 밸브 시스템 형상

6.1 준비물

1) 스프링 장력 측정기

그림 6.3에 밸브스프링 장력 측정기를 나타냈다.

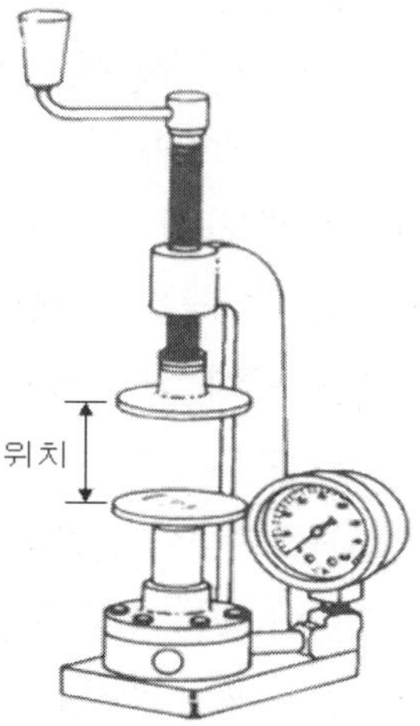

그림 6.3 스프링 장력 측정기 (Valve spring tester)

6.2 왕복엔진 밸브스프링 압축시험 절차

6.2.1 밸브 분해

1) 실린더를 실린더 고정장비에 고정시킨다. 이 시험은 실린더 하나만 독립된 상태에서 실시한다.
2) 로커암 축의 고정볼트를 풀어낸다. 참고로, 로커암 축의 고정볼트가 없는 엔진은 이 절차를 생략하면 된다.
   - 고정볼트에 락크와셔가 끼워져 있는데, 간혹 락크와셔를 먼저 제거해야 되는 것도 있으니 먼저 자세히 관찰한 후에 주의해서 푼다.
3) 로커암 축을 좌(우)로 밀고 우측(좌측) 로커암을 빼낸다.
   - 로커암 축을 빼낸 뒤 그 축을 반드시 원래 위치에 놓아야 한다.
4) 밸브스프링 누르개(compressor)를 로커암 축 끝부분에 걸고 누른다.
   - 밸브스프링 누르개가 스프링 리테이너에 닿은 상태에서 아래로 누른다. 그러면 스프링 리테이너와 함께 스프링이 아래로 내려갈 것이다. 이때 밸브 그루브에 끼워진 원뿔형 밸브 키(key)가 풀어진다.
   - 밸브를 누를 때 원뿔형 키가 빠질 수 있을 때까지 충분히 눌러야 한다. 이때 키를 빼내지 않은 상태에서 누르개를 놓으면 밸브가 손상되기 때문에 주의해야 한다.
5) 밸브스프링(2), 스프링 리테이너, 원뿔형 키 등을 빼낸다.
   - 밸브스프링 누르개를 제거할 때 스프링의 탄성으로 인하여 스프링이 튀어나올 수 있으므로 주의해야 한다.
6) 다른 한쪽도 4) & 5)항을 반복 수행한다.
7) 떼어낸 부품들을 검사한다.
   - 찍힘, 긁힘, 및 기계적 변형 등을 검사한다. 이상이 있는 경우에는 고운 샌드페이퍼로 갈아낸다.
   - 밸브스프링에 대해서는 과열에 의한 손상과 부식에 의한 손상 등을 육안으로 검사한다. 이상이 없는 부품이라도 깨끗한 천으로 닦아 검사 준비를 한다.
   - 참고로 밸브 검사나 수리는 별도 항목으로서 시험장에서는 수행하지 않는다.

6.2.2 검사

1) 장력 측정기 손잡이를 들어 올린다.
2) 스프링을 장력 측정기 플레이트 위에 놓는다.
   - 측정기의 플레이트에 여러 개의 원이 그려져 있다. 이 원의 중심에 정확히 놓아야 한다.
3) 손잡이를 살며시 내린다.
   - 계기의 바늘이 움직여도 상관없이 손잡이를 내려놓는다.
4) 계기를 "0" 세팅한다.
   - 계기판의 밑 부분에 계기의 숫자판을 움직일 수 있도록 하는 조절 손잡이를 좌측이나 우측으로 움직여서 바늘이 "0"을 지시하도록 한다.
   - 시험 중 가장 중요한 부분이므로 신중을 기할 필요가 있다.
5) 장력 측정기 우측에 바늘이 가르치는 수직으로 세워진 자의 눈금을 기준으로 표 6.1에 정해진 길이로 압축하면서 해당길이 도달 시의 pound를 측정하고 제작회사에서 규정한 장력(압축력)을 유지하는지 확인하여 합격/불합격 여부를 판단한다.
   - 자의 눈금은 좌측이 cm 단위이고 우측은 inch 단위이다. 계기판의 단위가 kg이면 1 cm를 잡아당기고 단위가 lb(pound)로 되어 있는 경우에는 1 inch를 잡아당긴다.
   - 시험장의 계기가 kg이면 lb로 환산한다. (1 kg = 2.204 lb)

표 6.1 밸브스프링 장력 시험 한계치 (O-470 엔진 기준)

	Compressed to spring length (inch)	Serviceable limit (lbs)	New parts	
			min. (lbs)	max. (lbs)
Inner spring	1.329	70	78	88
	1.809	37	43	49
Outer spring	1.360	100	107	120
	1.840	62	65	71

6) 불합격된 스프링은 폐기 처분한다.

제7장

왕복엔진 밸브간극 측정 및 조절

7.1 일반사항

항공기용 왕복엔진은 엔진의 원활한 작동을 위하여 밸브간극을 두고 있다. 밸브간극이란 그림 7.1에 나타나 있는 것처럼 밸브스템엔드(valve stem end)와 여기에 맞닿는 로커암 끝단부 사이의 간극을 말한다. 밸브 관련 용어에 대한 이해를 돕기 위하여 그림 7.2에 밸브 형상과 명칭을 나타냈다. 밸브간극을 두면 밸브 손상을 방지할 수 있다. 그리고 만약 밸브간극이 없다면 밸브가 완전히 닫혀야 할 위치에서 열릴 수도 있기 때문에 이런 현상을 방지하기 위하여 밸브간극을 두고 있다.

밸브간극이 정해진 값을 유지하지 못하는 경우 왕복엔진의 성능이 저하된다. 밸브간극이 너무 작으면 밸브가 일찍 열리고 늦게 닫힌다. 이렇게 밸브가 열려있는 시간이 길어지는 경우에 배기밸브는 닫혀있는 시간이 단축되어 밸브페이스가 밸브시트에 닿아 있는 시간이 짧아져서 밸브헤드의 열이 실린더로 충분히 빠져나가지 못하기 때문에 배기밸브가 과열된다. 반대로 밸브간극이 너무 크면 밸브가 너무 늦게 열리고 일찍 닫히게 된다. 따라서 밸브오버랩이 줄어들기 때문에 출력이 저하된다. 아울러 밸브를 지나는 유로면적이 줄어들기 때문에 교축손실이 증가하고, 이로 인해 체적효율이 줄어들기 때문에 엔진 출력이 저하된다. 한편, 배기밸브가 정상보다 늦게 열리면 연소가스가 실린더 내에 남아 있는 시간이 길어져 실린더가 과열될 위험이 있다.

밸브간극을 조절할 때는 캠이 푸시로드에 아무런 힘을 가하지 않는 상태라야 한다. 이런 상태는 피스톤이 압축 상사점에 있을 때, 즉 두 밸브 모두 밸브스프링에 의해서 완전히 닫혀있을 때이다.

엔진이 냉각된 상태에서의 정상적인 밸브간극을 냉간간극(cold clearance)이라 하며, 0.01 inch이다. 한편, 운전 중인 상태에서의 밸브간극을 열간간극(hot clearance)이라 하며, 0.07 inch이다. 그러나 냉간간극과 열간간극은 엔진별로 차이가 있으므로 해당 엔진의 매뉴얼을 참조하여 확인해야 한다. 열간간극이 냉간간극보다 더 큰 이유는 그림 7.3에 나타나 있는 것처럼 엔진이 운전 중에는 열팽창으로 인하여 실린더는 늘어나는 반면에 밸브계통의 푸시로드는 열에 의한 영향이 작아서 거의 늘어나지 않기 때문에 실린더 몸체에 연결되어 있는 로커암 피봇점이 위로 올라가서 밸브간극이 늘어나기 때문이다.

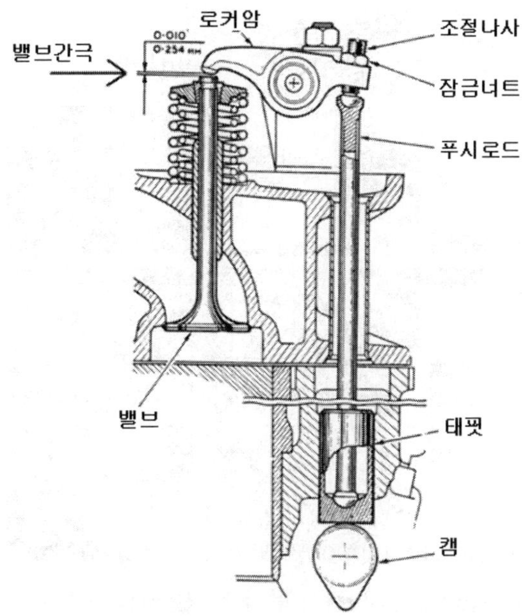

그림 7.1 밸브시스템 및 밸브간극

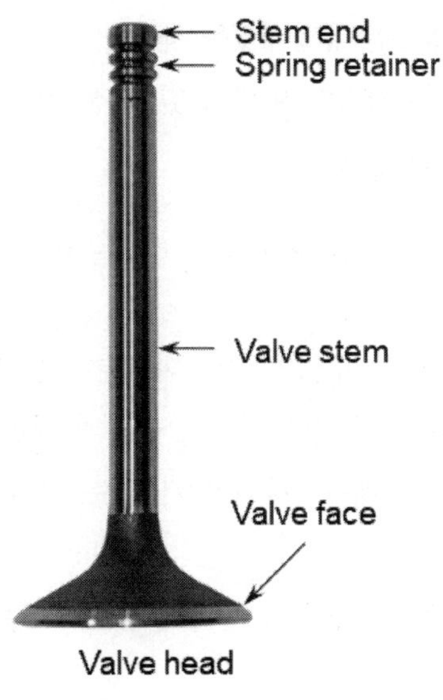

그림 7.2 밸브 명칭

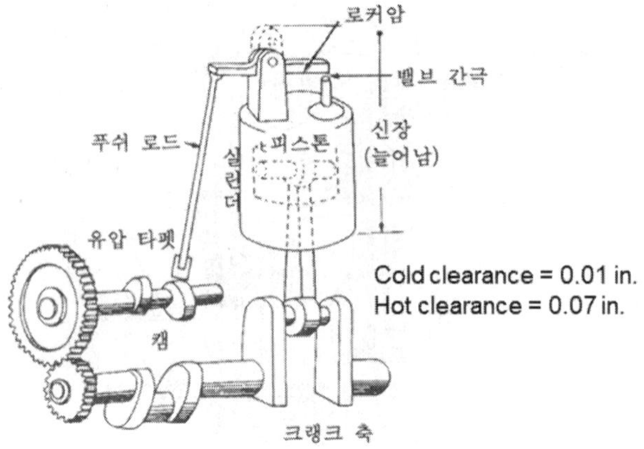

그림 7.3 밸브간극

그림 7.4에 유압태핏(hydraulic tappet)이 나타나 있다. 유압태핏은 열팽창에 관계없이 밸브간극을 항상 0으로 자동 조정한다. 따라서 유압태핏은 밸브 개폐시기를 정확하게 한다. 아울러 유압태핏은 밸브 작동기구의 충격을 작게 하고 소음을 방지한다. 유압태핏은 밸브기구의 마모가 자동적으로 보정되므로 조정을 행하지 않아도 장기간 규정출력을 유지한다. 따라서 유압태핏을 사용하면 밸브기구의 수명을 길게 유지시킬 수 있다. 최근 항공기용 왕복엔진으로 가장 많이 사용되는 수평대향형엔진은 유압태핏을 사용하기 때문에 밸브간극을 조절할 필요가 없다. 만약 수평대향형엔진의 밸브간극이 이상이 있을 경우에는 푸시로드를 교환하면 된다.

유압태핏의 작동원리는 다음과 같다:

- 오일계통으로부터 oil hole을 통하여 오일 공급실(oil supply chamber)로 압력오일이 공급된다.
- 오일로 채워진 실린더 내에는 구멍이 뚫린 피스톤이 설치되어 있으며, 이 구멍을 체크볼로 막아서 스프링 장력과 유압에 의해 간극이 일정한 상태(0)로 유지되도록 한다.
- 캠 로브가 리프터를 누르면 계통전체(태핏)가 밸브스템을 누르며 이 때 피스톤 주위로 약간의 오일이 흐른다. (Leak)
- 이렇게 오일이 흐르고 있는 상태에서 힘이 전달되기 때문에 밸브 리프터는 항상 캠에 밀착되어 움직인다.
- 로브가 통과하여 힘이 제거되면 체크 볼이 열려 오일이 보충되고 스프링 장력에 의하여 계통은 원래 상태로 돌아가게 된다.

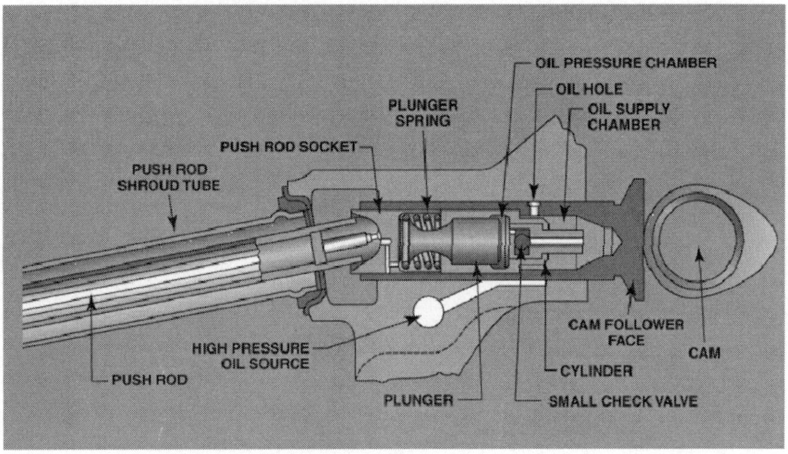

그림 7.4 유압태핏 (hydraulic tappet)

7.2 준비물

밸브간극을 측정하기 위해서는 그림 7.5에 나타나 있는 것처럼 두께게이지라고도 불리는 필러게이지(feeler gage), 드라이버, 오픈렌치가 필요하다. 필러게이지에는 그림 7.6에 나타나 있는 것처럼 각각의 게이지에 두께가 표시되어 있다.

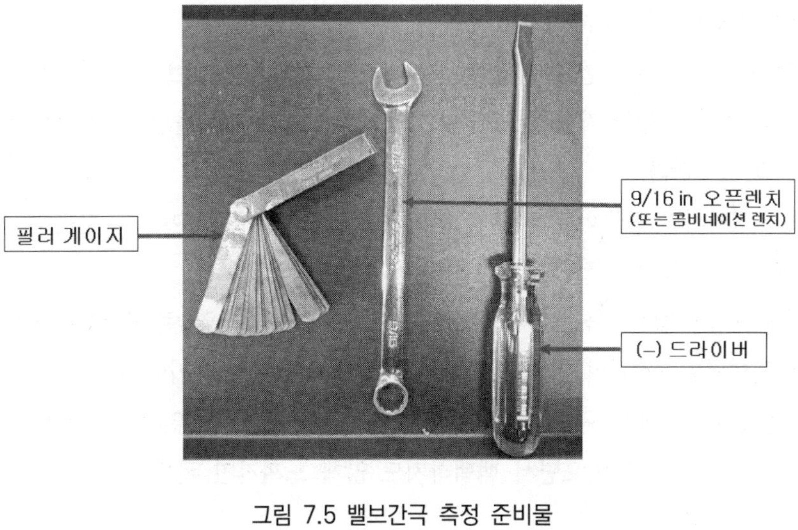

그림 7.5 밸브간극 측정 준비물

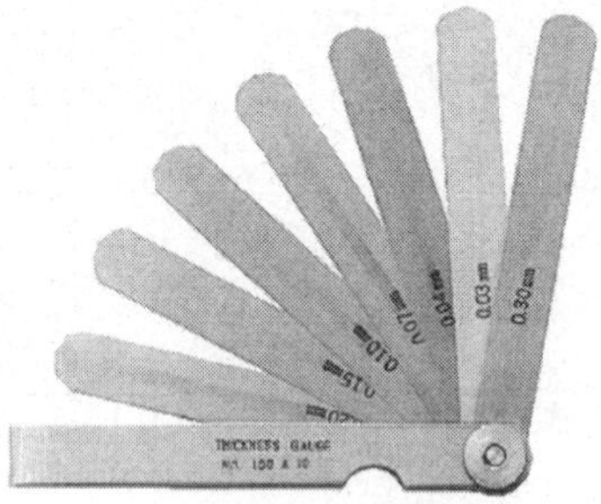

그림 7.6 필러게이지

7.3 왕복엔진 밸브간극 측정 및 조절 절차

1) 프로펠러를 손으로 회전시켜 푸시로드에 힘이 가해지지 않는 지점에 놓는다. 피스톤이 압축상사점에 위치했을 때이다.
2) 로커암 덮개를 모두 떼어낸다.
3) 밸브간극을 확장시킨다.
   - 로커암 끝에 있는 조절나사 잠금너트를 푼 후에 조절나사를 (-)자 드라이버를 사용하여 반시계방향으로 돌려서 밸브간극을 넓혀 놓는다.
   - 이때 조절나사와 잠금너트가 같이 돌아가기 때문에 조절나사를 드라이버로 잡은 상태에서 잠금너트를 푼다.
4) 조절하고자 하는 두께만큼 필러게이지를 조합(설정)하여 밸브간극 사이에 넣는다.
5) 필러게이지가 미세한 저항을 느끼는 지점까지 조절나사를 돌린 후 잠금너트를 규정된 토크 값으로 죈다.
6) 이때 조절나사가 잠금너트와 같이 회전하지 않도록 (-)드라이버를 단단히 잡는다.
7) 밸브간극이 정확히 조절되었는지 확인한다.
   - 이때 규정된 밸브간극보다 한 단계 (한 단계는 0.001 in임) 큰 필러게이지는 밸브간극에 들어가면 안 되며, 한 단계 작은 게이지는 쉽게 들어가야 한다.
   - 이런 상태가 되려면 원하는 밸브간극에 맞는 게이지가 꽂혀있는 상태에서 약간씩 움직였을 때 헐겁지도 않으면서 뻑뻑하지도 않게 느껴지면 된다.
8) 로커암 덮개를 장착한다.

제8장

왕복엔진 피스톤링 간극 측정

8.1 준비물

8.2 피스톤링 간극 측정

8.3 피스톤링 사이드 간극 측정

8.1 준비물

1) 필러게이지 (feeler gage)

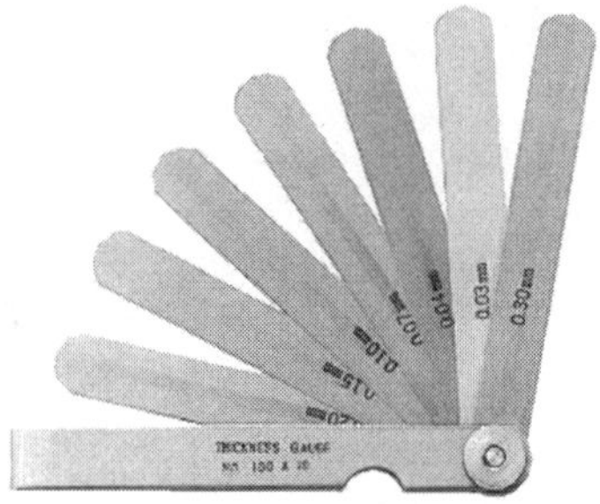

그림 8.1 필러게이지

8.2 피스톤링 간극 측정

피스톤링 간극은 수리나 오버홀을 목적으로 실린더를 떼어낼 때마다 측정해야 한다. 그림 8.2에 피스톤링 끝 간극을 측정하는 장면이 나타나 있다.

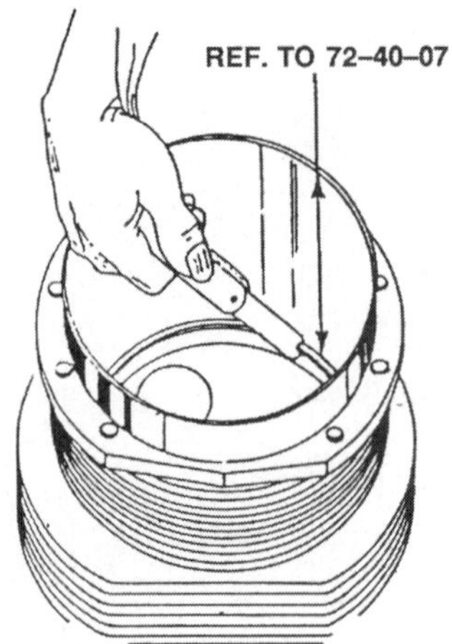

그림 8.2 피스톤링 끝 간극 측정

피스톤링 끝 간극(end clearance) 측정절차는 다음과 같다.

1) 피스톤링을 실린더에 끼워 넣는다.
2) 피스톤링이 없는 피스톤을 실린더에 장착한다.
3) 피스톤을 밀어내려 피스톤링이 실린더 스커트(cylinder skirt) 바닥으로부터 6.22 inch 깊이에 오도록 한다. 6.22 inch 깊이에 piston leaving ring squared를 밀어 넣는다.
4) 이 상태에서 필러게이지를 이용하여 링 간극을 측정한다.
5) 동일한 깊이에서 두 번째와 세 번째 링에 대한 측정을 반복 수행한다.
6) 네 번째 링은 1.0 inch에서 측정한다.
7) 간극이 규정값에 비해 너무 작으면 허용범위 이내에서 줄로 갈아내고 끝단을 연마하여 재사용한다. 만약 간극이 규정값에 비해 너무 크면 링이 마모된 것을 의미하므로 새것으로 교환한다.
8) 피스톤링 간극 점검 후에 링을 피스톤에 장착한다.
   - 피스톤링을 장착하기 전에 링 끝단이 예리한지 자세히 살펴보아야 한다.
   - 링 끝단이 예리하면 피스톤 랜드(piston lands)가 긁히는 문제가 발생한다.

8.3 피스톤링 사이드 간극 측정

피스톤링 사이드 간극(side clearance) 측정 절차는 다음과 같다.

1) 그림 8.3에 나타나 있는 것처럼 피스톤 핀 릴리프(piston pin relief)에 인접해 있는 피스톤링 그루브(piston ring grooves) 옆에 직선 고정대(straight edge)를 잡아맨다.
2) 각각의 링 간극이 직선 고정대로부터 90° 지점에 오도록 피스톤링을 돌린다.
3) 피스톤링이 직선 고정대에 접촉할 때까지 직선 고정대 반대쪽에서 피스톤링을 가볍게 밀어준다. 이때 피스톤으로부터 직선 고정대가 떨어져 나가지 않도록 한다.
4) 직선 고정대 옆에서 피스톤링 상부와 피스톤링 그루브 사이에 필러게이지를 약 1/8 inch 깊이로 끼워 넣고 링 전체의 간극을 측정한다.
5) 간극이 규정 값에 비해 너무 크면, 링이 마모된 것을 의미하므로 새것으로 교환한다.

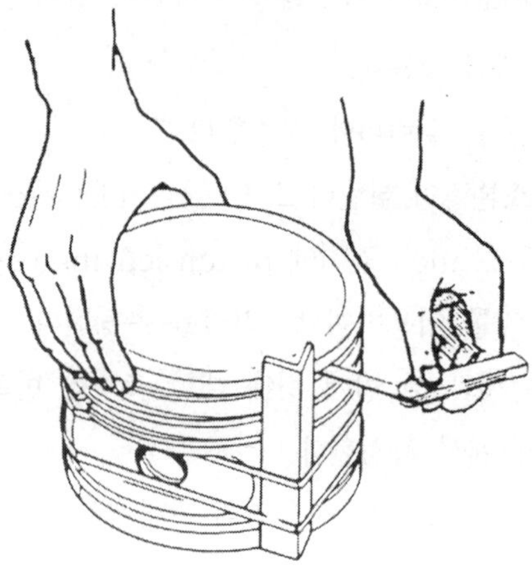

그림 8.3 피스톤링 사이드 간극 측정

제9장

실린더 압축시험

9.1 실린더 누설 점검 목적

왕복엔진의 압축압력은 엔진의 정상적인 작동과 동력발생의 기본적인 조건이다. 따라서 실린더 압축시험을 주기적으로 수행하여 밸브와 피스톤링이 정상적으로 작동하여 연소실 내에 기밀이 정확하게 유지되는지 점검해야 한다. 이는 실린더의 압축 능력과 관계되는 부품들의 고장을 사전에 발견하여 수리함으로써 비행 중 엔진고장을 예방하기 위함이다.

9.2 실린더 압축시험기 구조 및 원리

9.2.1 실린더 압축시험기 기본원리

피스톤링 및 밸브를 통과하여 빠져나가는 공기의 압력손실을 측정하여 실린더 기밀유지 상태를 결정하는 방법으로 차압측정법(differential pressure test)이 사용된다. 차압측정 장비는 그림 9.1에 나타나 있는 것처럼 고정된 오리피스를 통하여 공기가 흘러갈 때 오리피스에서 압력이 떨어진다는 원리에 근거한 것이다. 공기가 오리피스를 통과하는 동안 교축과정이 일어나며, 이로 인해 오리피스 통과 후에는 공기 압력이 떨어진다.

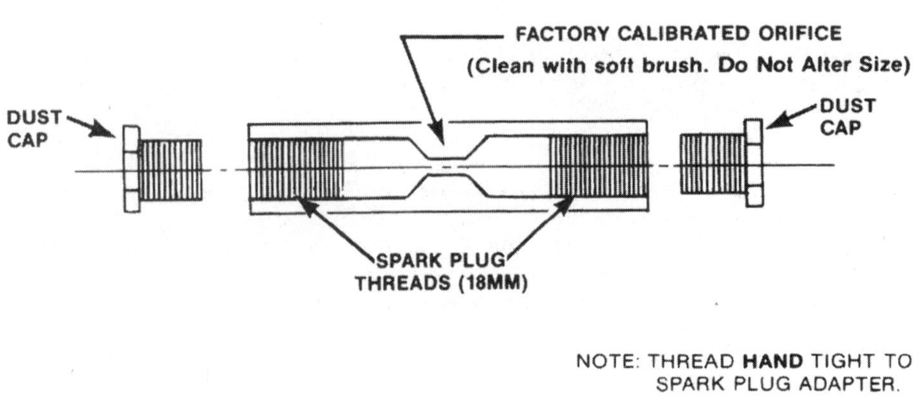

그림 9.1 Master orifice assembly tool

실린더 압축시험기(compression tester)는 조절된 공기압력을 실린더의 점화플러그 구멍을 통해서 공급하여 실린더의 누설을 2개의 압력계기 측정값을 비교하여 확인하는 계측장비이다. 압축시험기는 공기가 계량 오리피스를 지나갈 때 발생하는 압력감소를 2개의 압력계기로 측정하는 장비이다. 오리피스 양쪽의 압력차는 오리피스를 지나가는 공기량이 많아지면 증가하고 적어지면 감소하기 때문에 압력차를 구하면 실린더에서 누설되는 공기량을 측정할 수 있다. 따라서 공급되는 공기압력이 5.85 kg_f/cm^2(80 psi)이고, 실린더 내부로부터 누설이 전혀 없다면 실린더 압력계기의 압력도 공급되는 공기압력과 동일한 압력을 가리키게 된다. 그러나 누설이 발생하고 있다면 실린더 압력계기의 압력은 떨어지게 된다. 이 압력차가 규정값보다 크면 실린더에 결함이 있다는 것을 의미하는 것이다.

9.2.2 실린더 압축시험기 구조

실린더 압축시험기는 2개의 압력계기, 2개의 공기제어 밸브, 공기입구, 연결호스, 급속 연결호스 티핑 및 그림 9.2에 나타나 있는 점화플러그 연결기를 가지고 있다. 실린더 압축시험기에 사용하는 오리피스 크기는 0.10 mm(0.04 in)의 지름을 가지는 것이 보통이지만 엔진의 종류에 따라 다를 수 있다.

시험에 사용하는 압력은 보통 5.85 kg_f/cm^2(80 psi)이지만 엔진에 따라 달라지므로 압축시험을 수행할 때에는 엔진 정비지침서에 따라야 하며, 측정된 압력차는 반드시 기록하여 보관한다. 이렇게 기록된 측정값을 다음 압축시험에서 측정된 값과 비교하면 고장의 원인을 찾아내는 데 유용하게 사용될 수 있다.

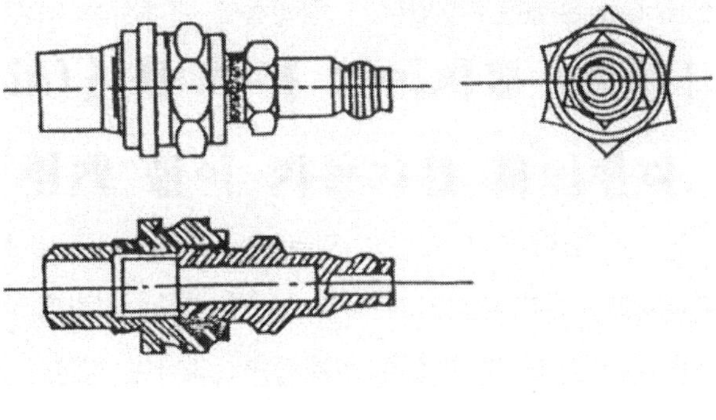

그림 9.2 점화플러그 연결기

실린더 누설은 그림 9.3에 나타나 있는 것처럼 "정적밀봉(static seal)"과 "동적밀봉(dynamic seal)" 두 가지로 분류한다.

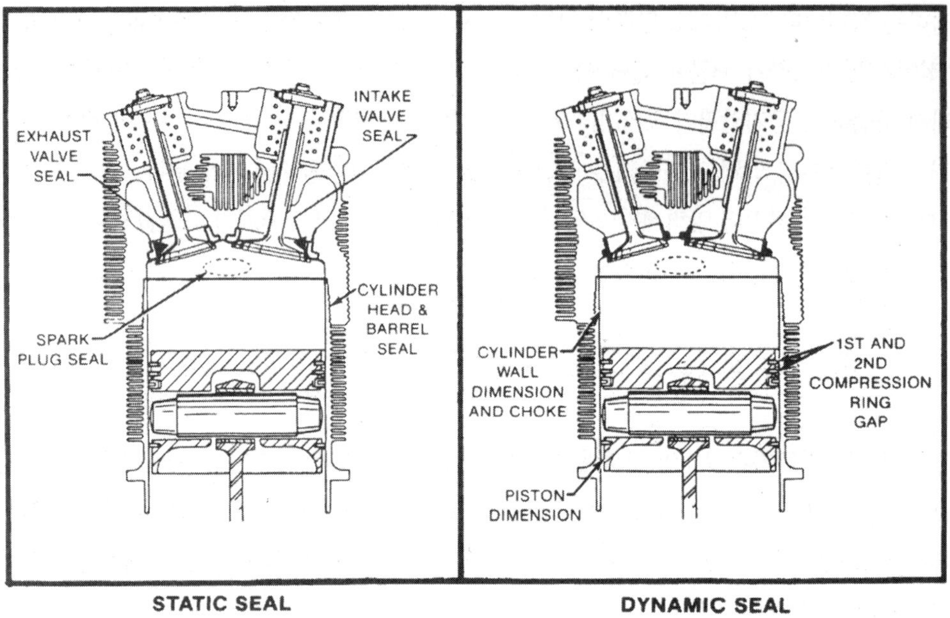

그림 9.3 Classification of seals

9.2.3 정적밀봉

정적밀봉은 밸브와 밸브시트 사이의 밀봉(valve to valve seat seals), 스파크플러그와 스파크플러그 포트 사이의 밀봉(spark plug to spark plug port seals), 실린더헤드와 배럴 사이의 밀봉(cylinder head to barrel seal)이 있다. 정적밀봉에 대해서는 누설이 허용되지 않는다.

9.2.4 동적밀봉

동적밀봉에는 피스톤링과 실린더 벽 사이의 밀봉(piston ring to cylinder wall seal)이 있다. 이 밀봉의 누설은 엔진마다 다양하게 나타나는데, 이는 실린더 배기량, 실린더 초크(cylinder choke), 링 끝단 간극 및 피스톤 설계 등에 의하여 영향을 받기 때문이다.

9.3 측정장비

측정장비는 깨끗하게 유지해야 하며, 정확성을 유지하기 위하여 다음과 같이 주기적으로 점검해야 한다. 100~120 psi의 압력을 이용하여 실린더 압력밸브를 닫고 레귤레이터 압력밸브를 80 psi(5.85 kgf/㎠)에 맞춘다. 두 가지 가스압력은 누설 없이 안정되어야만 한다.

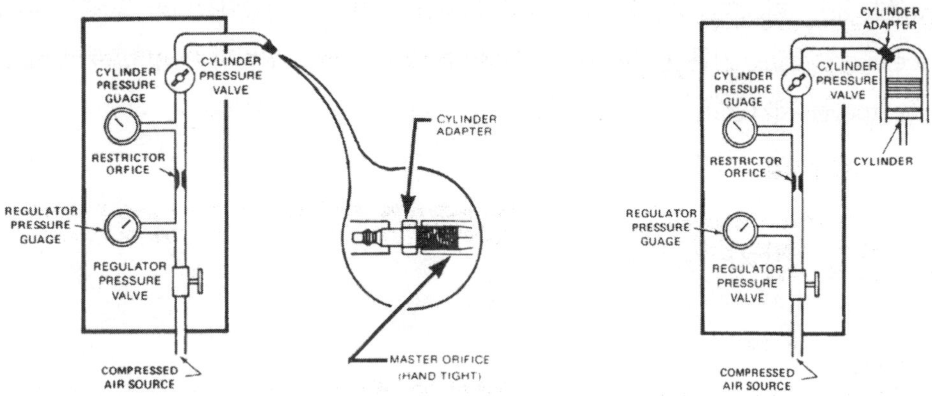

그림 9.4 Differential pressure tester (Teledyne Continental)

Teledyne Continental 항공엔진에 사용하는 오리피스 치수는 그림 9.4에 나타나 있는 것처럼 오리피스 직경이 0.040 inch, 길이가 0.250 inch, 접근각(approach angle)이 60°이며, 30 psi의 차압에서 ±120 ft^3/hour의 유량을 유지해야 한다. 그림 9.5에는 Lycoming사의 차압측정기가 나타나 있다.

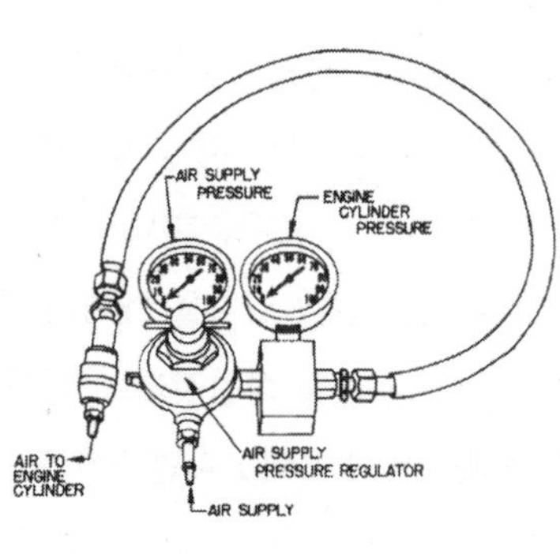

그림 9.5 Differential pressure tester (Lycoming)

Master orifice tool은 측정장비 눈금을 조정하고 엔진의 누설점검 이전에 저지시누설한계(low indicated leakage limit)를 결정하기 위하여 개발되었다. 실린더 압력밸브가 닫혀 있는 시험기에 100~120 psi의 압축공기를 연결한다. 레귤레이터 압력밸브를 열어서 압력을 80 psi에 맞춘다. Master orifice tool 양쪽 끝의 먼지 덮개를 제거하고 실린더 스파크플러그 어댑터에 연결한다. 실린더 압력밸브를 열고 레귤레이터 압력게이지가 80 psi를 가리키도록 재조정한다. 이때 실린더 압력게이지 지시값은 실린더 누설 점검에 있어서 하한허용한계값(low allowable limit)이 된다. 하한허용한계값은 master orifice 조정압력값이라 불린다. Master orifice 교정압력값을 기록한 후에 레귤레이터 압력밸브를 닫고 실린더 어댑터로부터 master orifice tool을 제거한다.

9.4 점검 절차

주의

마그네토와 연료는 엔진 화재사고를 방지하기 위하여 시험 전에 차단시켜야 한다.

1) 엔진을 정지시킨 후 가능한 한 빨리 시험을 수행한다. 이는 피스톤링, 실린더 벽, 그리고 다른 엔진 부품들의 윤활상태가 정상적인 운전상태와 거의 같으며, 작동공차(running tolerance) 상태에 있기 때문이다.
2) 각각의 실린더로부터 가능한 모든 점화플러그를 떼어낸다.
3) 피스톤이 압축행정이 될 때까지 손을 이용해서 크랭축을 회전방향으로 돌린다.
4) 점화플러그에 어댑터를 설치하고 그 어댑터에 압력시험기를 연결시킨다. (주의: 실린더 압력밸브는 “닫힘” 위치에 있어야 한다) 실린더 압력밸브를 서서히 열어서 실린더를 가압시킨다. 이때 압력이 20 psi를 넘지 않도록 한다.

   이 압력에 대항하면서 피스톤이 상사점에 다다를 때까지 엔진을 계속 회전시킨다. 상사점은 평평한 점(flat spot)이나 크랭크축을 회전시키는 힘이 갑자기 줄어드는 것을 통해서 알 수 있다. 만약 크랭크축이 과도하게 돌아갔다면 적어도 반대방향으로 반 바퀴 회전시킨다. 그리고 밸브작동기구에서의 백래쉬(backlash) 효과를 제거하고 하부 링 랜드에 피스톤링이 위치하도록 유지시키고 다시 시작한다.

주의

실린더 압력밸브를 열 때 주의를 기울여야 한다. 이는 만약 피스톤이 상사점에 있지 않으면 실린더에 충분한 공기압력이 형성되어 크랭크축을 회전시킬 수 있기 때문이다. 누설점검 중에 프로펠러는 회전하지 못하도록 안전하게 해두어야 한다.

5) 실린더 압력밸브를 완전히 연다. 레귤레이터의 압력게이지를 점검하고 필요한 경우에는 80 psi로 조정한다.
6) 실린더 압력게이지에 나타난 눈금을 관찰한다. 이 압력과 레귤레이터 압력게이지에 사이의 압력 차이가 실린더를 통해서 누설되는 양이 된다. 만약에 실린더 압력게이지 값이 이미 결정되어 있는 마스터 오리피스의 교정압력보다 높은 경우에는 다음 실린더 누설을 점검하고, 만약 더 낮으면 표 9.1에 나타나 있는 절차를 밟는다.

표 9.1 Leakage check

<table>
<tr><th>FIRST CHECK</th><th>CHECK FOR</th><th>METHOD</th><th>1. DISCREPANCY</th><th colspan="2">2. CORRECTIVE ACTION</th></tr>
<tr><td rowspan="12">STATIC SEAL (NO LEAKAGE PERMISSIBLE)</td><td rowspan="4">Intake Valve to Seat Seal</td><td rowspan="4">Listen for Air Flow in Intake Port</td><td>Carbon</td><td>Stake Valve</td><td></td></tr>
<tr><td>(Cracked Cylinder)</td><td>Replace Cylinder</td><td></td></tr>
<tr><td>Seat Worn or Burned</td><td>Grind or Replace</td><td rowspan="2">Reinspect</td></tr>
<tr><td>Valve Worn or Burned</td><td>Grind or Replace</td></tr>
<tr><td rowspan="4">Exhaust Valve to Seat Seal</td><td rowspan="4">Listen for Air Flow in Exhaust Port</td><td>Carbon</td><td>Stake Valve</td><td></td></tr>
<tr><td>(Cracked Cylinder)</td><td>Replace Cylinder</td><td></td></tr>
<tr><td>Seat Worn or Burned</td><td>Grind or Replace</td><td rowspan="2">Reinspect</td></tr>
<tr><td>Valve Worn or Burned</td><td>Replace</td></tr>
<tr><td rowspan="2">Spark Plug (2) to Port Seal</td><td rowspan="2">Apply Soapy Solution Around Spark Plug</td><td>Loose Heli-coil</td><td>Replace Heli-coil</td><td>Reinspect</td></tr>
<tr><td>Cracked Cylinder</td><td>Replace Cylinder</td><td></td></tr>
<tr><td>Cylinder Head to Barrel Seal</td><td>Apply Soapy Solution Between Head and Barrel</td><td>Bubbles</td><td>Replace Cylinder</td><td></td></tr>
<tr><td>Cylinder Head Cracks</td><td>Apply Soapy Solution Around Fins</td><td>Bubbles</td><td>Replace Cylinder</td><td></td></tr>
</table>

SECOND CHECK	CHECK FOR	METHOD	1. DISCREPANCY	2. CORRECTIVE ACTION	
DYNAMIC SEAL	Leakage by Piston Rings	Test Gauge below Tolerance	Piston cracked or out of limits	Replace Piston	
			Worn Rings	Replace Rings	
			Cylinder wall dimentions out of limits	Replace Cylinder	
		Test Gauge above Tolerance	None	None	

정적밀봉점검

7) 정적밀봉 상태를 확인하기 위해서는 최우선적으로 공기 누설 근원을 점검해야만 한다. 정적밀봉에서 누설이 발생하는 경우 실린더의 흡기구나 배기구를 통해서 공기가 흐르는 소리를 통해서 확인이 가능하다. 실린더헤드와 배럴에서 발생하는 누설을 점검하는 경우에는 냉각핀 사이에 비누용액을 사용하여 거품이 생기는지를 관찰하면 된다. 비누용액은 스파크 플러그(2개) 주위에 대한 누설을 점검하는 경우에도 역시 사용된다. 정적밀봉에 대해서는 어떤 누설도 허용되지 않는다.
8) 만약 흡기 또는 배기밸브 근처에서 누설이 발생하고 있다면, 밸브접점 조절(skating the valves)을 통하여 압력이 낮게 나타나는 문제를 해결할 수도 있을 것이다. 이 작업은 밸브스템 바로 위에 있는 로커암에 화이버 드리프트(fiber drift)를 놓고 햄머를 이용해서 여러 차례 드리프트를 태핑(tapping)해 줌으로써 밸브 페이스와 밸브시트 사이에 끼어 있을 이물질을 제거하는 것이다.

주의

이 방법을 이용해서 압력값이 낮게 나오는 문제를 해결하는 경우, 프로펠러를 돌려서 피스톤이 상사점에 위치하지 않도록 해야 한다. 이는 일부 엔진에서 피스톤 상부를 때리지 않도록 하기 위함이다. 누설을 점검하기 이전에 프로펠러를 다시 돌려서 밸브가 제자리에 오도록 해준다.

9) 만약 실린더헤드와 배럴에서 누설이 감지되었다면 실린더를 교체한다. 만약 밸브접점 조절(skating)을 통하여 밸브에서 발생하는 누설을 제거할 수 없는 경우에는 실린더를 떼어내서 동적밀봉점검 이전에 수리해야 한다.

점화플러그가 장착된 상태에서 실린더를 떼어내는 경우 실린더 보어를 거꾸로 하여 비가연성 솔벤트를 채운 후 정적밀봉 지역에서의 누설을 점검한다.

10) 만약 정적누설, 교체, 또는 수리, 점검 등을 위해서 실린더를 떼어낸 경우에는 피스톤링 간극과 실린더 벽에 대한 공차를 점검한다. 피스톤과 실린더를 세척하고 점검한 후에 링간극공차가 맞는 경우에는 엔진을 재조립한다.

동적밀봉점검

11) 실린더의 동적밀봉을 점검하기 위하여 누설점검을 진행하고 실린더 압력게이지에서 지시하는 압력을 조사한다. 이 압력과 레귤레이터 압력게이지에 사이에서 발생하는 압력 차이가 동적밀봉에서 누설되는 양이 된다.
12) 만약 누설이 발생하여 실린더 압력게이지 압력이 이전에 결정된 압력보다 낮은 경우 동적밀봉이 이루어지지 않는다는 것을 나타내며, 이는 피스톤링 끝단 간극 정렬(piston ring end gap alignment) 또는 실린더 보어에서 피스톤과 피스톤링 각도위치(piston and piston rings angular direction) 때문일 수도 있다. 이에 대한 내용은 그림 9.6을 참조하면 된다.
우선 피스톤과 피스톤링이 중앙에 위치하고 있는지 확인한다. 이 작업은 레귤레이터 압력을 20 psi로 낮추고 피스톤이 여러 차례 엔진 작동방향과 반대방향으로 번갈아 가면서 상사점을 지나도록 해준 후에 최종적으로는 엔진이 정상적으로 회전하는 방향으로 돌려서 피스톤이 상사점에 도달하도록 해준다. 레귤레이터 압력을 80 psi에 맞추고 누설량을 결정한다. 만약 게이지 눈금이 사전에 결정된 마스터 오리피스 교정 눈금보다 높으면 다음 실린더에 대한 점검을 진행하면 된다.

링랜드(ring land)에서 피스톤링이 회전하는 것은 정상적인 것이다. 그림 9.6에 나타나있는 것처럼 압축링 위치는 동적밀봉압력 점검에 있어서 영향을 미칠 수 있다. 따라서 압력 지시값이 규정값 이하인 경우에는 반대방향으로 돌려서 시험을 완료해야 한다.

13) 만약 실린더 압력게이지 지시값을 재점검해서 허용손실값 보다 계속해서 작다면 엔진을 운전온도로 회전시키고 실린더를 제거하여 수리하기 이전에 압력을 재점검한다.

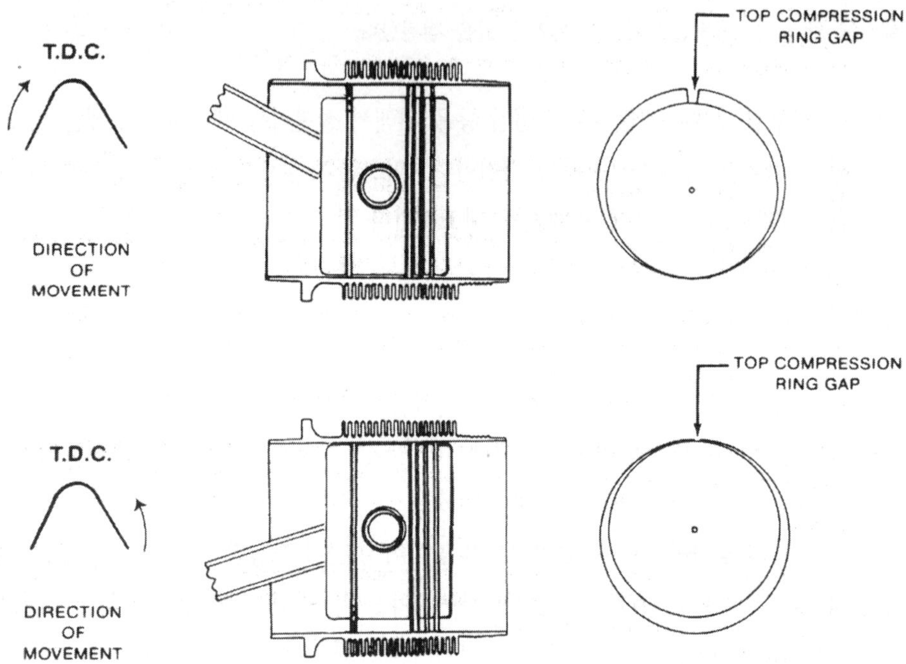

그림 9.6 Ring gap

제10장

왕복엔진 마그네토 점화시기 조절

일반적으로 왕복엔진 점화는 그림 10.1에 나타나 있는 것처럼 상사점 도달 이전(대개 BTC 26°; Before Top Center 26°)에 이루어진다. 이는 점화지연과 화염전파속도를 고려하여 최대 압력이 상사점을 지난 후에 형성되도록 하기 위한 것이다. 따라서 점화진각이 정확히 일치되어야 최대출력을 생산할 수 있다. 아울러 항공기용 왕복엔진에는 이중점화 마그네토가 사용되기 때문에 마그네토 두 군데에서 점화가 동시에 일어나는지 확인해야 한다. 이렇게 두 개의 점화플러그에서 점화가 동시에 일어나는 것을 싱크로나이징(synchronizing)이라 한다.

이중점화 마그네토 방식의 장점은 다음과 같다.

1) 자가발전: 자체발전을 함으로써 외부전원 불필요
2) 안정성 확보: 하나가 고장 나더라도 계속 운전 가능
3) 노킹방지: 화염전파거리 단축으로 노킹 억제
4) 출력증가: 단독점화에 비해 고출력 발생

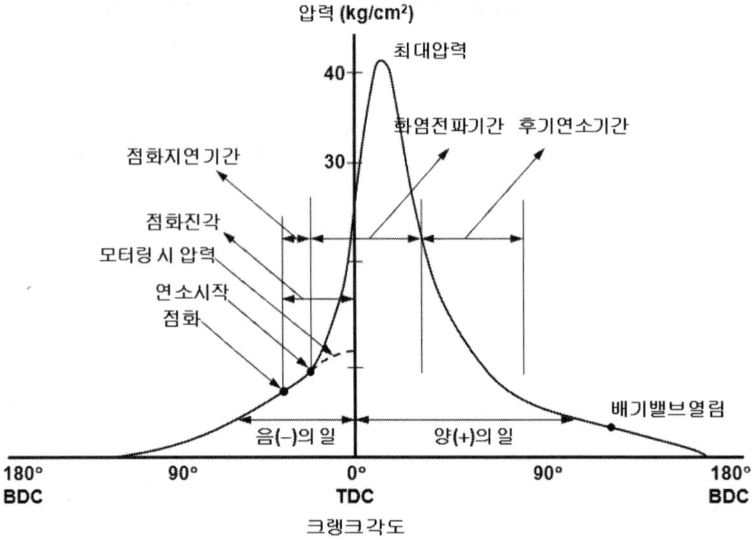

그림 10.1 점화진각

10.1 준비물

1) Time rite: 피스톤을 압축 상사점에 맞추기 위한 장비

그림 10.2 Time rite

2) Timing light: 이중점화 마그네토의 점화시기와 싱크로나이징(synchronizing; 동시점화)을 확인하기 위한 장비

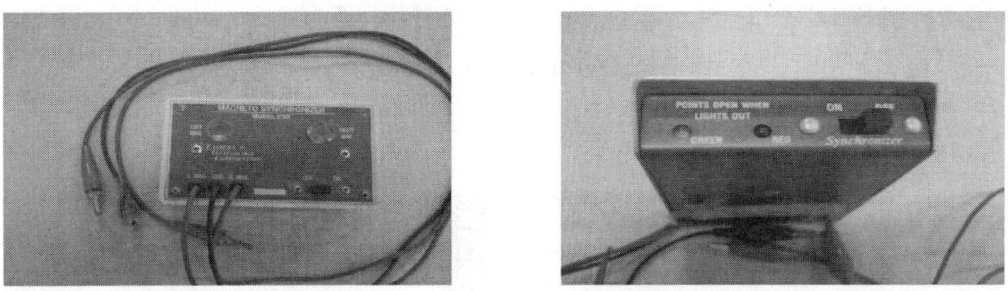

그림 10.3 Timing light (Magneto synchronizer)

3) Timing indicator: 점화진각이 정확하게 맞추어졌는지를 확인하기 위한 장비

그림 10.4 Timing indicator

4) 스파크 플러그 장탈용 소켓렌치

10.2 점화진각 조절 절차

1) 1번 실린더의 피스톤을 압축 상사점에 맞춘다.

피스톤 상사점은 압축 상사점과 배기 상사점이 있는데, 반드시 압축 상사점에 피스톤을 위치시켜야 한다. 그 이유는 압축과정 이후에 연소가 이루어지기 때문이다. 피스톤을 압축 상사점에 맞추기 위해서 time rite를 이용하는 방법과 프로펠러 플랜지를 이용하는 두 가지 방법이 있다.

[방법 1: Time rite 이용]

1번 실린더의 점화플러그를 장탈하고 그림 10.5에 나타나 있는 것처럼 점화플러그가 장착되는 위치에 time rite를 장착한다. 프로펠러를 회전방향(leading edge가 있는 쪽)으로 돌려서 크랭크축을 회전시키면 피스톤이 움직인다. 피스톤이 상사점에 도달하여 타임 라이트와 접촉하면 그림 10.6에 나타나 있는 것처럼 타임 라이트 전구에 불이 들어온다.

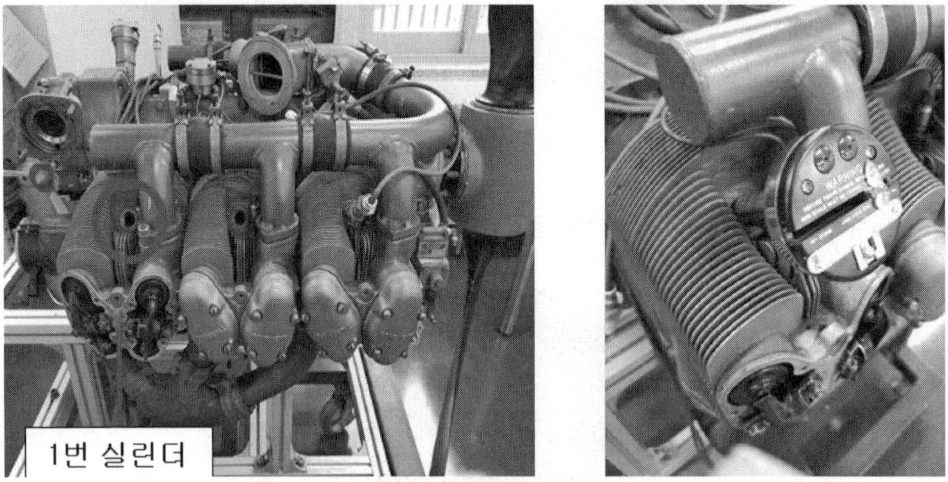

그림 10.5 Time rite 설치

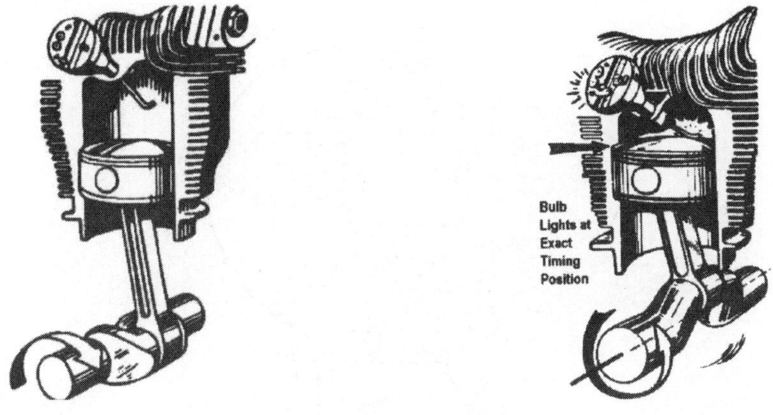

그림 10.6 Time rite 원리

[방법 2: 프로펠러 플랜지 이용]

프로펠러 플랜지에는 그림 10.7에 나타나 있는 것처럼 1번 실린더의 피스톤을 압축 상사점에 맞추기 위한 'TC마크'가 음각으로 새겨져 있다. 여기서 TC는 상사점을 의미한다.

그림 10.7 프로펠러 플랜지에 새겨져 있는 TC마크

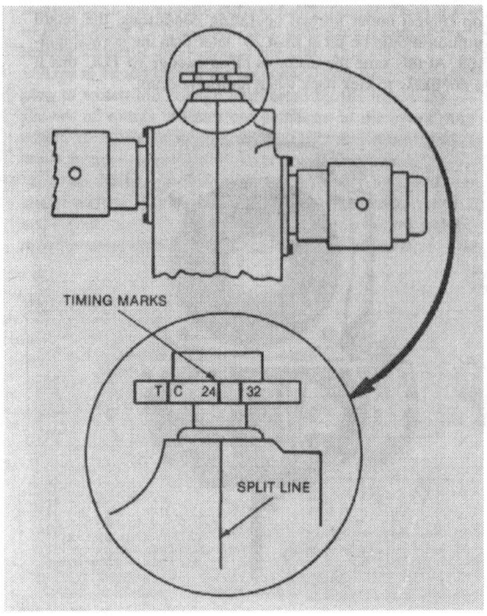

그림 10.8 Split line

프로펠러 플랜지의 TC마크를 6시 방향에 위치시키고 그림 10.8에 나타나 있는 것처럼 크랭크 케이스의 하부 split line과 일치시킨다. 이렇게 하면 1번 실린더의 피스톤이 압축 상사점에 위치하게 된다. 이때 1번 실린더의 배기밸브 로커암을 움직여서 자유롭지 않다면 배기 상사점이다. 이때 프로펠러를 회전방향으로 360° 회전시키면 배기 상사점이 압축 상사점으로 바뀐다.

2) 1번 실린더 피스톤의 압축 상사점을 찾아냈으면 프로펠러를 고정하고 그림 10.9에 나타나 있는 것처럼 timing indicator의 바늘이 TC를 가리키도록 timing indicator를 부착한다.

그림 10.9 Timing indicator가 부착된 모습

그림 10.10 크랭크 케이스 상부 split line과 TC마크 일치시키기

그런데 프로펠러 플랜지를 이용하여 1번 실린더의 피스톤 압축 상사점을 맞추는 경우에 TC마크와 하부 split line을 일치시키는 작업은 작업자가 상부를 쳐다보면서 작업해야 되기 때문에 매우 불편하다. 따라서 이런 불편함을 피하기 위해서 TC마크를 크랭크 케이스의 상부 split line과 일치시킨다. 이때 split line과 TC마크가 서로 떨어져 있기 때문에 이들을 정확하게 일치시키기 위하여 그림 10.10에 나타나 있는 것처럼 철로 만들어진 막대자를 이용하면 편리하다. 즉 철 막대자를 크랭크 케이스 상부 split line과 일치시킨 상태에서 프로펠러 플랜지까지 막대자를 걸쳐 놓은 상태에서 막대자 끝과 TC마크를 일치시킨다. 그리고 timing indicator의 눈금을 그림 10.11에 나타나 있는 것처럼 BC(Bottom Center)에 맞춘다. 그리고 그림 10.12에 나타나 있는 것처럼 프로펠러를 회전방향(leading edge가 있는 방향)으로 180° 회전시키면 TC마크는 크랭크 케이스 하부 split line과 일치하고, 1번 실린더의 피스톤은 압축 상사점에 위치하게 되며, timing indicator의 눈금은 그림 10.9에 나타나 있는 것처럼 TC를 지시하게 된다.

그림 10.11 Timing indicator를 BC에 일치시켜 부착한 모습

그림 10.12 프로펠러 회전방향

3) 점화진각을 찾는다.

점화진각은 엔진 형태에 따라 다르며, 엔진 매뉴얼을 참조해서 알아낸다. 일반적으로 점화진각은 BTC(Before Top Center) 24°~26° 정도이며, 주로 엔진이나 마그네토의 name plate에 표시되어 있다. 실습용 왕복엔진에서 프로펠러를 돌리면 점화진각 위치에서 브레이커 포인트의 접점이 떨어지는 것을 육안으로 확인할 수 있다.

4) Timing light를 연결한다.

Timing light는 브레이커 포인트가 접점에서 떨어지는 순간인 점화 순간을 확인할 수 있으며, 이중점화 마그네토의 싱크로나이징(동시점화) 여부를 확인하는 장비이다. Timing light는 두 가지 종류가 있는데, 하나는 브레이커 포인트가 떨어질 때 불이 들어오거나 꺼지는 형식인 light type이며, 다른 하나는 소리를 나게 해서 확인하는 audible type이다. 이들에 대한 내용은 해당 장비 매뉴얼에 나타나 있다. 그림 10.13에 마그네토에 timing light가 장착된 모습을 나타냈다.

그림 10.13 Magneto synchronizer 장착모습

이 장비에는 3개의 선이 연결되어 있다. 3개의 선 가운데 검은 선은 접지(ground)이다. 따라서 엔진 외부 몸체에 연결하면 되는데, 일반적으로 외부 몸체에 있는 체결용 볼트에 연결하면 된다.

나머지 두 개의 선은 빨강색으로 되어 있으며, 'L. MAG.'로 표시된 선은 왼쪽 마그네토에, 'R. MAG.'로 표시된 선은 오른쪽 마그네토의 브레이커 포인트에 각각 연결한다. 그러나 브레이커 포인트는 이 선을 연결하기 어렵기 때문에 이 선을 연결할 수 있도록 별도의 접점을 만들어 놓았다(그림 10.14에 나타나 있는 P lead). 따라서 여기에 연결하면 된다. 그림 10.15에 timing light 선을 마그네토에 연결한 모습과 접지시킨 모습을 나타냈다.

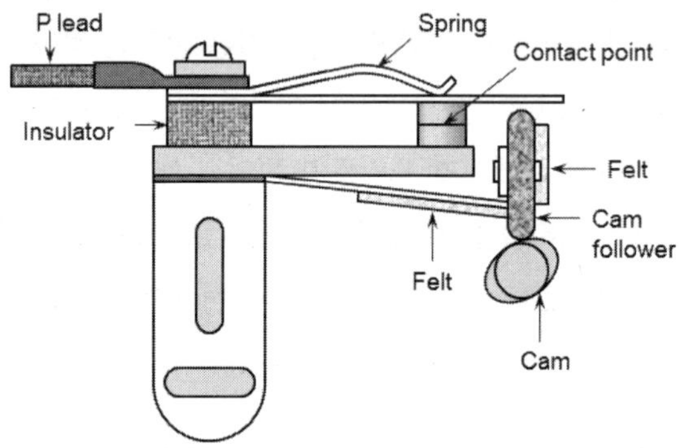

그림 10.14 Breaker point

그림 10.15 Timing light 선 연결 모습

5) 프로펠러를 회전방향으로 서서히 회전하면서 프로펠러가 1번 실린더의 점화진각 위치에 도달하는 순간 브레이커 포인트가 접점에서 떨어지고 타이밍 라이트에 동시에 신호가 나타나는 것(싱크로나이징)을 확인한다. 이때 주의할 점은 프로펠러를 회전 반대방향으로 점화진각보다 약간 큰 30° 정도 돌려놓는 것이다. 그리고 프로펠러 회전방향으로 미세하게 회전시키다 보면 점화진각 위치에서 브레이커 포인트 접점이 떨어지면서 timing light에서 신호가 나타나게 된다. 그리고 이때 브레이크 접점이 떨어지는 것을 육안으로 확인할 수 있다.

6) 점화진각 위치에 도달 시 불이 들어오지 않거나 싱크로나이징이 안 되면 점화시기가 부정확한 것이므로 마그네토 플랜지를 살짝 풀고 마그네토를 약간씩 돌리면서 브레이크 포인터가 떨어지는 점을 조정하고 다시 고정한다.

지금까지의 절차를 외부점화시기 조절이라 한다. 내부점화시기 조절은 마그네토가 장탈된 상태에서 이루어진다. 절차는 다음과 같다.

1) 프로펠러를 회전하여 점화진각에 위치시킨다.
2) 마그네토의 임펄스 커플링을 정상회전 반대방향으로 회전시켜서 그림 10.16과 같이 마그네토의 배전기 기어 중 모서리가 약간 잘려있고(chamfered, 3개) 중앙에 표시된 gear teeth(1개)가 마그네토 점검 창 중앙에 오도록 한다. 이 위치가 1번 점화플러그의 점화 위치이다.
3) 이 위치를 변화시키지 말고 gear box의 magneto drive gear에 연결한 후 조절에 대비하여 약간 오른쪽으로 기울인 후 고정너트를 살짝 조여 준다.
4) 타이밍 라이트를 연결한다.
5) 오른쪽으로 기울어진 마그네토를 왼쪽으로 천천히 회전시키면서 브레이커 포인트가 떨어지고 타이밍 라이트의 불빛이 들어오는 지점에서 고정하고 마그네토 고정너트를 완전히 토크한다.
6) 프로펠러를 정상회전 반대방향으로 약 10도 정도 회전시킨 후 정상회전 방향으로 회전하면서 점화진각 위치 도달 시 타이밍 라이트의 불빛이 들어오는지 확인한다.

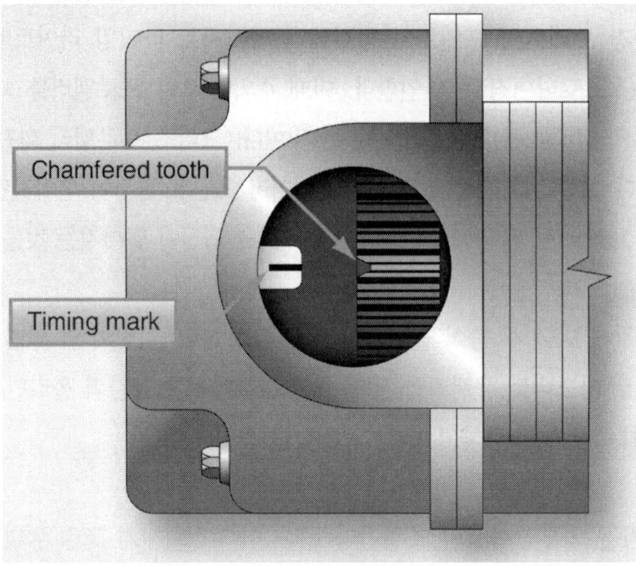

그림 10.16 내부점화시기 조절

제11장

왕복엔진 스파크플러그 세척 및 시험

11.1 준비물

1) 오픈엔드렌치(Open end wrench)

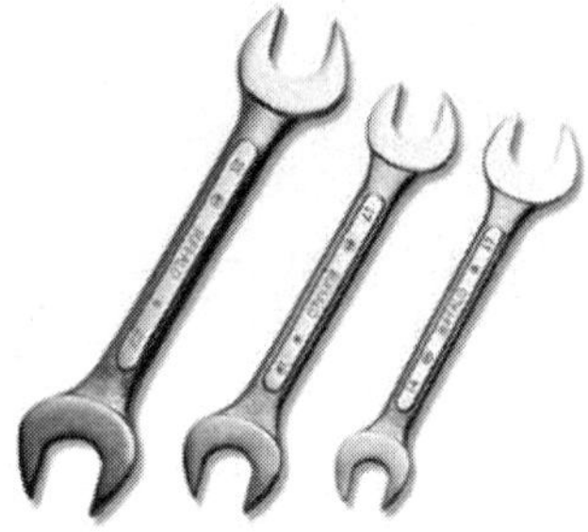

2) 소켓렌치(Socket wrench)

3) 스파크플러그 소켓렌치(Spark plug socket wrench)

4) 와이어 간극게이지(Wire gap gage)

5) 스파크플러그 세척기 및 시험기(Spark plug cleaner & tester)

11.2 절차

1) 스파크플러그를 떼어낸다.

- 오픈엔드렌치(open end wrench)를 사용하여 점화 전선의 엘보우(elbow)를 한바퀴 만 풀고 손으로 풀어낸다.
- 스파크플러그 소켓렌치를 이용하여 스파크플러그를 1~2바퀴를 돌릴 때 무리한 힘을 주거나 렌치가 벗겨지면 절연체(세라믹)가 깨질 우려가 있으므로 주의해야 한다.

- 스파크플러그와 실린더 번호가 바뀌지 않도록 번호표를 붙인다.

2) 예비검사를 한다.
   - 절연체 깨짐, 전극 부식, 쉘(shell) 손상, 나사산 상태 등을 육안검사 한다.

3) 스파크플러그를 세척한다.
   - 그리스 및 윤활유를 증기세척이나 솔벤트로 세척한 후 압축공기나 건조실에 넣어 건조시킨다.
   - 연료에 섞인 납이나 탄소찌꺼기 등을 블라스트 세척기를 이용하여 세척한다. 세척 후에는 압축공기를 이용하여 세척제 가루를 제거해야 한다.
   - 스파크플러그 개스킷이 붙는 부분은 고운 샌드페이퍼로 닦아낸다.

블라스트 세척

① 세척기의 네모진 덮개를 열고 스파크플러그를 직경에 맞는 고무판과 함께 구멍에 끼운다.

② [Abrasive blast] [Air blast] 선택레버를 [Abrasive blast]에 맞춘 후 스파크플러그를 약간 옆으로 경사(20° 이내)지게 3~5초간 회전시킨다. 만약 세척이 잘 안 되었다면 5~10초간 추가로 실시한다.

이 때 연마제(abrasive) 가루가 압축공기와 함께 분사되어 전극의 탄소찌꺼기를 제거한다. 과도한 세척은 전극이나 절연체의 손상을 초래할 수 있으며, 세척이 깨끗이 되지 않는 경우에는 세척기를 점검하거나 연마제를 보충해야 한다.

③ [Abrasive blast] [Air blast] 선택레버를 [Air blast]에 놓고 스파크플러그에 붙은 연마제를 불어낸다.

[Abrasive blast] [Air blast] 선택레버는 항상 중립위치에 놓은 상태에서 밀거나 당길 때 [Abrasive blast]나 [Air blast]가 작동하도록 되어 있다.

4) 스파크플러그 간극을 측정하고 조절한다.
   - 스파크플러그 간극게이지(wire gap gage)를 사용하여 최댓값을 측정한다.
   - 간극이 넓은 경우 간극조절장치를 이용하여 간극을 좁혀준다.
   - 간극이 좁은 경우 제작회사나 오버홀 공장으로 보낸다. 다만, 단일접지전극이나 이중접지전극은 세라믹에 손상을 입히지 않는 범위에서 좁히거나 넓힐 수 있다.

5) 검사 및 시험을 한다.
   - 세척과 간극조절이 끝난 스파크플러그를 봄(bomb) 시험용 구멍에 끼운다.
   - 고전압 전선을 연결한다. (손으로 직접 끼우거나 약간만 돌리면 된다.)

- 계기의 바깥 부분(검정색)에 있는 화살표로 스파크플러그의 간극에 해당되는 수치에 맞게 돌려서 맞춘다.
- 공기밸브를 열어 실린더 내의 압력과 동일하게 해준다. (일반적으로 압력은 80 psi이다. 공기밸브는 돌릴 수 있도록 되어 있으며 계기의 바늘이 80 psi에 도달하면 된다.)
- 시험기 스위치를 눌러서 점검창을 통해서 스파크가 일어나는지 관찰한다.

제12장

J47 Gas Turbine

12.1 J47 엔진 역사 및 사양
12.2 엔진 주요 구성품

12.1 J47 엔진 역사 및 사양

GE사는 J35 가스터빈 엔진을 기반으로 추력 5,000~6,000 파운드 급의 J47 가스터빈 엔진을 개발하였으며, 1947년 6월 21일 최초로 운전을 실시하였다. J47 엔진은 추력을 증강시키기 위하여 물분사를 적용하였으며, 이 경우 약 7,000 파운드의 추력을 생산한다. J47 엔진은 1948년 9월 F-86A 항공기에 장착되어 비행속도 670.98 mph의 세계신기록을 수립하였으며, 1956년까지 30,000 대 이상 생산되었다. 이 엔진은 총 17가지 형태로 생산되었으며, F-86, XF-91, B-36, B-45, B-47, XB-51 항공기에 탑재되었다. 이 엔진은 30년간 운용되었으며, 1978년 퇴역하였다. 한편, J47-GE-7은 미국 최초의 상용 축류형 엔진이다. 그림 12.1에 J47 가스터빈 엔진 형상을 나타냈다. 그림 12.2에는 J47 가스터빈 엔진을 장착한 항공기를 나타냈다. 그림 12.3에 물분사장치를 갖춘 B-47 항공기를 나타냈다.

이 엔진의 주요 사양은 다음과 같다.

- Model: J47-GE-25
- Compressor: 12 stages, axial flow type
- Combustor: Can type, 8 ea.
- Turbine: Single stage, axial flow type
- Weight: 2,707 lbs
- Thrust: 5,670 lbs
- Max rpm: 7,950
- Maximum operating altitude: 50,000 ft
- Pressure ratio: 5.34 : 1
- Exhaust nozzle: Fixed opening
- Bearing system: Four anti-friction bearings. The No. 2 bearing is a ball (thrust) bearing; the others are roller bearings
- Water injection: Thrust augmentation

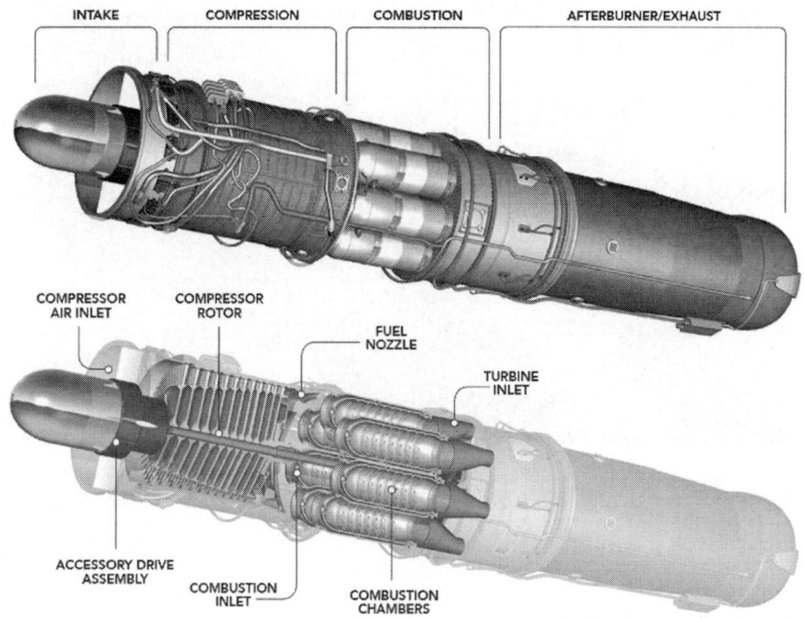

그림 12.1 J47 가스터빈 엔진 형상

그림 12.2 J47 가스터빈 엔진을 장착한 항공기

그림 12.3 물분사장치를 갖춘 B-47 항공기

12.2 엔진 주요 구성품

J47 가스터빈 엔진의 주요 구성품을 살펴보기 위하여 그림 12.4에 외부의 일부를 잘라낸 그림(cutaway)을 나타냈다.

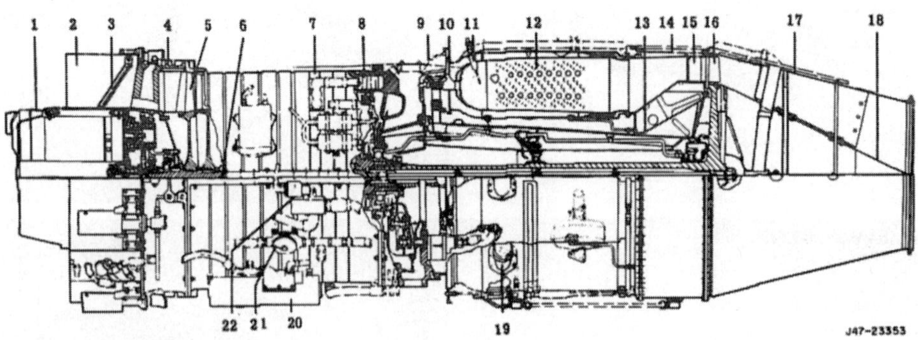

1. Engine Driven Accessories
2. Air Guide Section
3. Inlet Air Screen
4. Compressor Front Frame
5. Compressor Rotor Blades
6. Compressor Rotor
7. Compressor Stator Casing
8. Compressor Stator Blades
9. Compressor Rear Frame
10. Fuel Nozzle
11. Igniter Plug
12. Combustion Chamber
13. Turbine Frame
14. Turbine Casing
15. Turbine Nozzle
16. Turbine Rotor
17. Exhaust Cone
18. Inner Cone
19. Cross-Ignition Tube
20. Ail Cooler and Thermal Bypass Valve
21. Oil Filter
22. Anti-Icing Valves

그림 12.4 Cutaway - J47 가스터빈 엔진

12.2.1 공기 안내부

공기 안내부(air guide section)는 아일랜드 커버(island covers), 아일랜드 페어링(island fairings), 공기 안내부(air guide sectors)와 일련의 접을 수 있는 입구 스크린(a set of retractable inlet screens)으로 구성되어 있다. 이 부분은 공기가 압축기 입구로 들어가도록 유도해준다. 페어링 아일랜드(fairing-covered islands)는 윤활유, 연료, 방빙용 공기, 유압유(hydraulic fluid), 전기배선, 스로틀 연결장치 등의 통로 역할을 한다. 아일랜드 커버는 이런 선들의 연결지점으로 사용되며, 아일랜드 커버 사이에 설치되는 아일랜드 부(island sectors)는 엔진입구공기를 안내하는 외벽(outer shell) 역할을 수행한다.

페어링이란 공력소음이나 공기저항을 최소화하기 위하여 부품간 연결부의 틈새를 없애고 평평하게 하는 것을 의미한다. 일반적으로 두 표면이 연결되는 표면을 완만하게 굴곡진 표면 또는 연결부가 되도록 한 구성부품을 페어링이라 한다. 한편, 그림 12.5에 나타나 있는 항공기와 같이 고정착륙장치의 공기저항을 줄이기 위하여 연결부 및 타이어의 외부를 유선형 구조물로 감싸고 있는데, 이런 구조물도 페어링이라 한다.

그림 12.5 항공기 고정착륙장치 페어링

엔진 입구 스크린은 FOD(Foreign Object Damage) 방지를 위하여 설치한다. 엔진 입구 스크린을 그림 12.6과 12.7에 나타냈다.

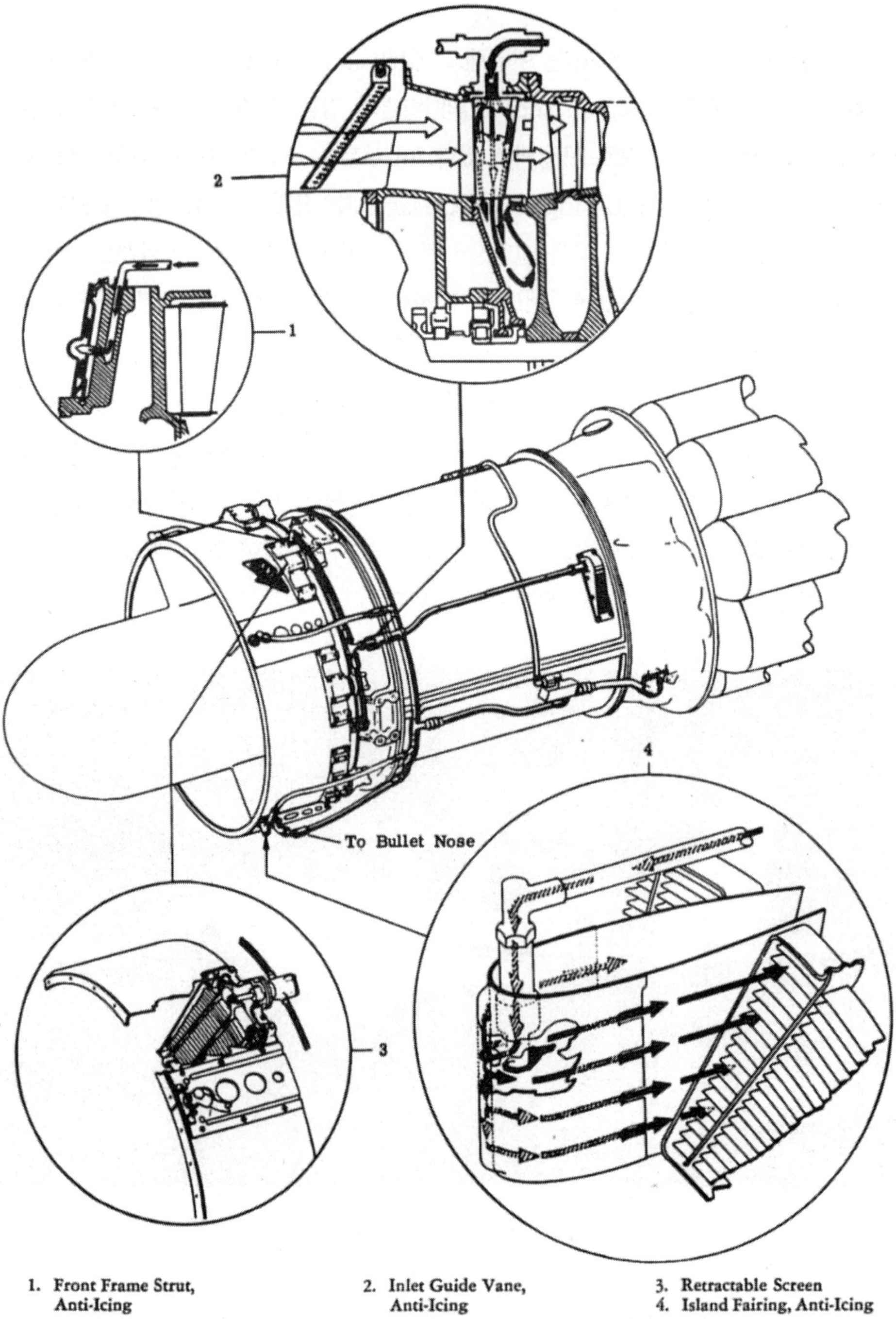

1. Front Frame Strut, Anti-Icing
2. Inlet Guide Vane, Anti-Icing
3. Retractable Screen
4. Island Fairing, Anti-Icing

그림 12.6 엔진 입구 형상 및 방빙장치 - J47 가스터빈 엔진

그림 12.7 엔진 입구 스크린 - J47 가스터빈 엔진

12.2.2 압축기 전방 프레임

압축기 전방 프레임(compressor front frame)은 보조기기 구동기어(accessary drive gears)와 장착 패드(mounting pads), No. 1 베어링 지지대와 밀봉장치(seal), 입구안내깃(IGV; Inlet Guide Vane)을 포함한다. 압축기 전방 프레임은 공기 유입을 위한 환형통로를 형성하기 위하여 여덟 개의 지지대에 의해 연결된 내부섹션(inner section)과 외부섹션으로 구성되어 있다. 구동기어 지지대, 축 하우징(shaft housing), No. 1 베어링 하우징 및 관련 부품들은 내부섹션에 위치하고 있다.

12.2.3 입구안내깃

입구안내깃은 속이 비어있는 형태로 제작되어 있으며, 두 개의 동심원 링 사이에 장착되어 있다. 입구안내깃 조립체는 공기밀봉 조립체(air seal assembly)와 함께 압축기 전방 프레임 내부섹션 후면에 연결되어 있다. 압축기 로터의 첫째 단 휠(wheel)의 선반(shelf)을 따라 공기 밀봉 장치가 설치되어 있다. 압축기 전방 프레임 후면과 압축기 첫째 단 휠의 앞면 사이의 공간은 균형 피스톤 실(balance piston chamber) 역할을 한다. 균형 피스톤 실에는 속이

빈 입구안내깃을 통해서 압축기 12단에서 추출한 압축공기가 공급된다. 균형 피스톤 실에 공급된 높은 압력을 가진 공기는 압력힘으로 작용하여 앞쪽으로 발생하는 로터의 추력을 일부 상쇄시킨다. 수평 및 수직 중심선에 각각 2개씩, 총 4개의 엔진 마운팅 패드가 압축기 전방 프레임에 설치되어 있다.

12.2.4 압축기 로터

일반적으로 압축기 로터 블레이드(회전 블레이드)를 로터(rotor)라 한다. 여기서 압축기 로터는 그림 12.8에 나타나 있는 것처럼 압축기 축, 휠(wheel), 로터 블레이드가 조립된 것을 의미한다. J47 엔진은 두 가지 형태의 압축기 로터가 있다. 초기 엔진은 그림 12.1에 나타나 있는 것처럼 하나의 강철 축(steel shaft)에 12개의 휠을 열박음하여 하나의 축으로 제작한 형태였다. 1단부터 9단까지 아홉 개의 휠은 알루미늄으로 제작하였으며, 10단부터 12단까지의 휠은 압축기 후단에 나타나는 고온고압에 견딜 수 있도록 강(steel)으로 제작하였다. 한편, 휠은 디스크(disk)라고도 불린다.

그림 12.8 압축기 로터 및 스테이터 - J47 가스터빈 엔진

다른 하나는 커빅커플링(curvic coupling) 압축기 로터이다. 이 압축기 로터는 그림 12.9에 나타나 있는 것과 유사하게 2단부터 11단까지 압축기 휠의 양쪽 면에 기어 이빨 형태로 가공된 하나의 링을 가지는 12개의 휠로 구성되어 있다. 1단 휠의 후면과 12단 휠의 전면 역시 커빅커플링으로 되어 있다. 1단 휠의 전면에 튀어나온 축은 No. 1 베어링의 저널로 사용하며, 커플링을 통해서 보조장치 기어(accessary gears)와 보조장치 구동축을 구동하기 위하여 축 외부에 키홈(spline)이 마련되어 있다. 12단 휠의 후면은 No. 2 베어링의 저널을 설치하기 위하여 튀어나와 있으며, 터빈 로터 축이 연결될 수 있도록 내부에 키홈이 마련되어 있다. 이 로터의 1단과 9~12단 휠은 강으로 제작되어 있으며, 나머지 모든 단은 알루미늄합금으로 제작되어 있다. 그리고 12개의 휠은 12개의 타이볼트(tie-bolts)로 체결되어 있다.

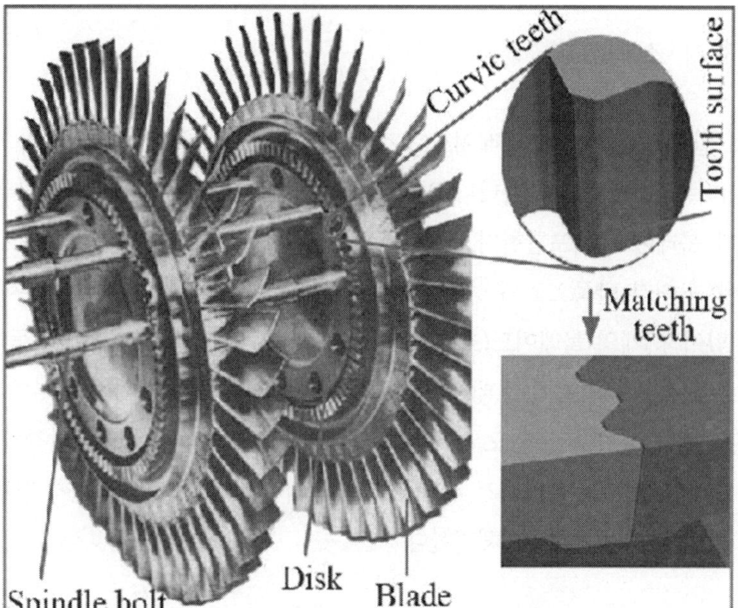

그림 12.9 커빅커플링 형태의 압축기 휠

두 가지 형태의 압축기 로터 모두 그림 12.10에 나타나 있는 것처럼 각각의 휠 사이에 총 11개의 원통형 스페이서 링(cylindrical spacer rings)을 설치한다. 휠 테두리는 강철 핀을 사용하여 스페이서 링에 단단히 고정된다. 압축기 로터 블레이드는 휠 테두리 외부에 만들어진 도브테일(dovetail)에 끼워져 있다. 스페이서 링은 압축기 무게를 가볍게 해주는 역할을 하면서 압축기 로터 블레이드가 축방향으로 움직이지 못하도록 잡아주는 역할도 수행한다.

그림 12.10 압축기 스페이서 링과 로터 디스크 - J47 가스터빈 엔진

12.2.5 압축기 스테이터

일반적으로 압축기 스테이터 블레이드(고정 블레이드)를 스테이터(stator)라 한다. 여기서 압축기 스테이터는 그림 12.8에 나타나 있는 것처럼 압축기 케이싱과 케이싱 내부에 체결되어 있는 스테이터 블레이드를 포함한다. 압축기 스테이터는 수평 중심선을 기준으로 분리되어 있어 상부 반쪽과 하부 반쪽으로 구성된다. 알루미늄으로 제작하는 케이싱 내부에는 도브테일 구조로 되어 있어 13개의 블레이드(스테이터) 링이 조립되며, 압축기 케이싱 둘레에 두 개의 반쪽을 볼트로 체결하면 압축기 스테이터 조립체가 된다. 압축기 케이싱 외부에는 많은 엔진 보조장치를 편리하게 설치할 수 있도록 되어 있다. 압축기 케이싱은 엔진에 장착될 때 앞부분은 압축기 전방 프레임, 뒷부분은 압축기 후방 프레임에 의해서 지지된다. 압축기 전후방 프레임은 모두 원형이며, 플랜지에 볼트로 체결한다.

12.2.6 압축기 후방 프레임

압축기 후방 프레임은 압축기 케이싱을 지지할 뿐만 아니라 그 중앙부는 No. 2 베어링을 지지하며, 뒷부분은 연소기를 지탱한다. 압축기 후방 프레임의 쉘 주위에 동일한 간격으로 배치된 8개의 확산통로는 압축기 12번째 단을 빠져나온 압축공기를 확산시켜 연소실로 유도한다. 패드에 장착되어 있는 8개의 이중연료노즐(duplex fuel nozzles)은 확산통로 내부를 통과하고, 노즐 팁은 내부 연소실 안으로 돌출되어 있다. 압축기 후방 프레임에는 수평 중심선과 수직 중심선에 각각 2개씩, 총 4개의 엔진 마운팅 패드(mounting pads)가 설치되어 있다.

12.2.7 연소기

J47 엔진은 그림 12.11에 나타나 있는 것처럼 터빈 프레임 주위에 직류흐름(direct-flow, or through flow) 형태로 이루어진 캔형 연소기가 원주방향을 따라 8개 장착되어 있다. 두 개의 원통으로 구성된 각각의 연소기는 신속분리클램프(Marman clamps, or quick-disconnect clamps)를 이용해서 압축기 후방 프레임과 터빈 프레임에 체결된다. 확산통로를 통해 연소기로 들어온 압축공기는 케이싱과 라이너 사이의 환형 공간 내부로 들어온다. 연료노즐을 통해 분사되는 연료는 압축공기와 혼합되어 연소된다. 8개의 연소기 가운데 단지 2개의 연소기에만 점화플러그가 설치되어 있다. 그러나 각각의 연소기는 화염전파관(interconnection tube)을 통해서 서로 연결되어 있어 이 연결관을 통해서 화염이 다른 연소기로 전달되기 때문에 점화플러그가 설치되지 않은 연소기에도 화염이 형성된다. 연결관은 interconnector, cross-fire tube, 또는 cross-ignition tube라고도 불린다. 8개의 트랜지션 라이너(transition liner)가 터빈 프레임에 장착되어 있다. 트랜지션 피스(transition piece)라고도 불리는 트랜지션 라이너는 터빈 노즐로 흘러가는 배기가스 유동 형태를 바꾸어주는 역할을 한다. 즉 그림 12.12에 나타나 있는 형상을 통해 알 수 있듯이 연소실을 빠져나가는 고온가스는 여덟 개의 분리된 원형 형상인데, 트랜지션 라이너에서 터빈 노즐에 유입되기 위하여 고리형으로 바뀐다.

그림 12.11 연소기 - J47 가스터빈 엔진

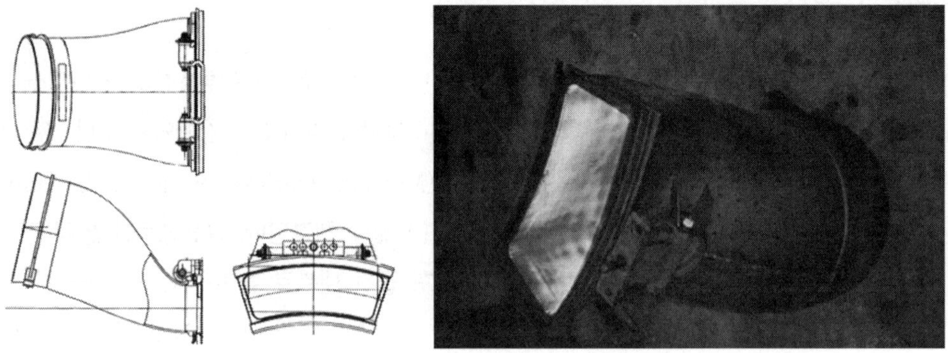

그림 12.12 트랜지션 라이너

12.2.8 터빈

J47 엔진의 터빈은 한 개의 단(single stage)으로 구성되어 있으며, 충동형 버켓(bucket, or blade)를 사용하고 있다. 터빈은 한 열(row)의 노즐과 한 열의 버켓으로 구성되며, 터빈케이싱에 의해서 둘러싸여 있다. 터빈케이싱은 터빈 버켓을 통과하는 배기가스 누설을 방지하기 위한 하나의 슈라우드 링(shroud ring)을 포함하고 있다. 터빈 프레임은 압축기 후방 프레임 뒷부분에 볼트로 체결되어 있다. 터빈 버켓은 터빈 휠 테두리에 전나무(fir tree) 형태의 도브테일(dovetail) 방식으로 조립된다. 터빈 로터 디스크의 전면과 후면은 압축기에서 추출한 공기를 이용하여 냉각된다. 터빈에서 생산된 동력(토크)은 압축기 로터와 보조기기를 구동하는 데에도 사용된다.

12.2.9 배기계통

J47 엔진의 배기계통(exhaust section)은 그림 12.13에 나타나 있는 것처럼 배기콘(exhaust cone)과 고정면적 배기노즐(fixed-area exhaust nozzle)로 구성되어 있다. 배기계통은 터빈 케이싱에 볼트로 체결되어 있으며, 터빈 휠 뒤로 돌출되어 있다. 배기가스는 터빈 버켓을 통과한 후에 내부 콘과 외부 콘에 의해 형성되는 환형 통로를 통과하여 배기관(exhaust pipe) 뒷부분에 있는 노즐을 통하여 대기 중으로 배출된다.

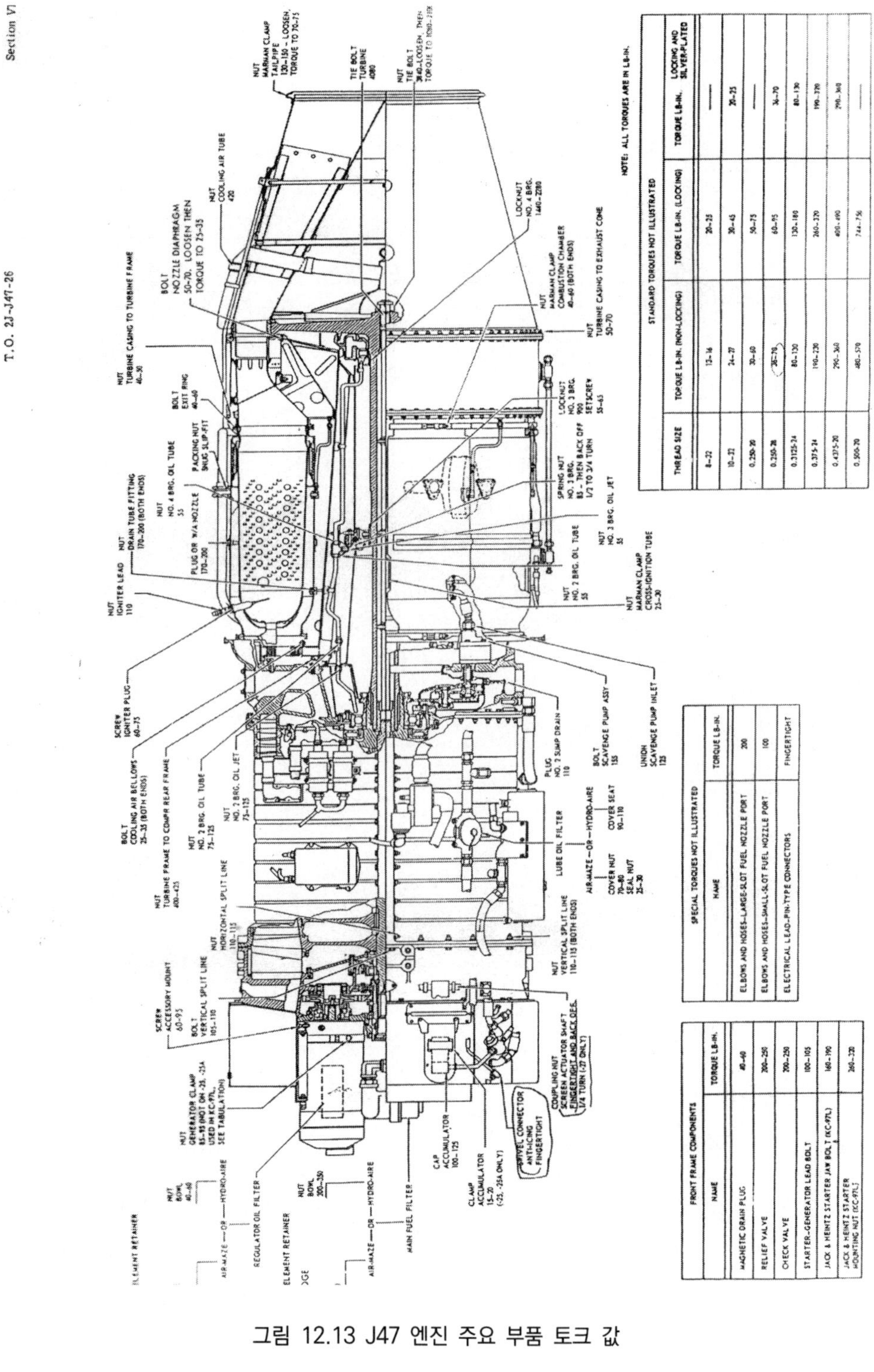

그림 12.13 J47 엔진 주요 부품 토크 값

제13장

J85 Gas Turbine

13.1 J85 가스터빈 엔진 사양 및 구성

J85 가스터빈 엔진은 소형(compact), 경량이면서 큰 추력을 생산하는 터보제트엔진이다. 이 엔진은 그림 13.1과 13.2에서 확인할 수 있는 것처럼 2단으로 구성된 터빈에 의해서 구동되는 8단 축류압축기를 장착하고 있다. 이 엔진은 일반적인 가스터빈 엔진처럼 3개의 베어링으로 구성되어 있다. 연소계통은 환형연소기를 채택하고 있다. 환형연소기는 하나의 내부 및 외부 쉘(shell)로 구성된 라이너를 사용한다. 엔진으로 유입되는 공기는 VIGVs(Variable Inlet Guide Vanes, or variable vanes)에 의해서 압축기로 유입되는 공기의 유량과 방향이 조절된다. 그리고 일부의 공기가 압축기 중간 단 사이(interstage)에서 블리드밸브(bleed valves)를 통해서 빠져나올 수 있도록 되어 있다.

그림 13.1 Cutaway - J85 가스터빈 엔진

이 엔진의 주요 구성품은 다음과 같으며, 그림 13.2에 나타나 있다.

- 전방 프레임(front frame)
- 압축기(스테이터와 로터)
- 메인 프레임(main frame)과 동력인출장치(power takeoff)
- 연소기(케이싱과 라이너)
- 터빈(스테이터와 로터)
- 후기연소기(디퓨저, 후기연소기 케이싱과 노즐)
- 보조기기 구동 기어박스

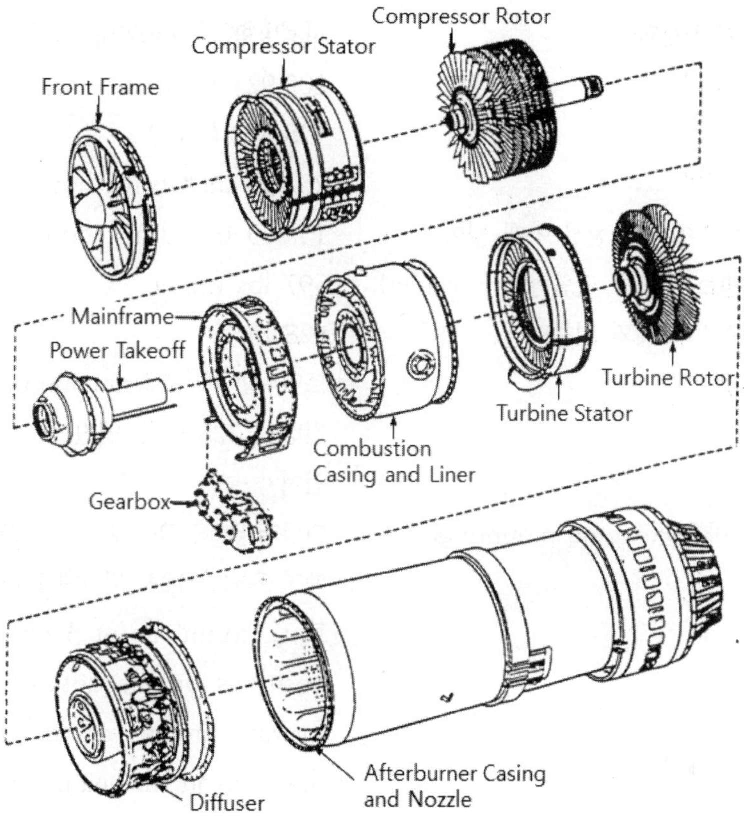

그림 13.2 주요 구성품 - J85 가스터빈 엔진

이 엔진의 주요 사양은 다음과 같다.

1) 일반 사양

• 모델:	J85 (본 교재에서는 J85-13)
• RPM:	16,542
• 추력 (바람없는 표준일 해수면 기준):	2,720 lb (min)
	4,080 lb (min) 후기연소기 최대 가동 기준
• 비연료소모율(SFC):	1.03 lb/hr (max)
	2.22 lb/hr (max) 후기연소기 최대 가동 기준
• 압축기:	8단, 축류형
• 연소기:	환형, 1개, 관류형(through-flow)

- 터빈: 2단, 축류형
- 엔진 회전방향: 시계방향(aft looking fwd)
- 엔진 길이: 109.923 inch (max hot)
  108.932 (nom)
- 엔진 직경: 20.430 inch (max hot)
- 오일탱크에서 중심선 아래 깊이: 15.815 inch (max hot)
- 후기연소기 포함 건중량(dry weight): 597 lbs (max)
- 후기연소기 제외 건중량: 428 lbs
- 중심점: 트러니언 마운트(trunnion mount)로부터 전방13.726 인치; 엔진 중심선 아래 1.95 인치
- 엔진 마운팅(engine mounting): 디퓨저 3시와 9시 위치에 2개의 트러니언, 메인 프레임 12시 위치에 1개의 전방 마운트 (2 trunnions at 3 and 9 o'clock positions on the diffuser section, 1 forward mount at the 12 o'clock position on the main frame)

2) 연료계통

- 연료: JP4 / MIL-T-5624G
- 주연료펌프 입구압력: 8~50 psia
- 후기연소기 연료펌프 입구압력: 8~50 psia
- 연료펌프 입구 온도범위: -54~43°C (-65~110°F)
- 베인 액추에이터에서의 연료압력: 120 psi (min)
- 연료가압밸브 크래킹 압력: 주연료펌프의 부스트 스테이지 140 psi 초과 (140 psi above boost stage of main fuel pump) [크래킹 압력(cracking pressure): 체크밸브나 릴리프밸브 등에서 압력이 상승하고 밸브가 열리기 시작하여 어느 일정한 유량이 확인될 때의 압력을 말한다]

- 연료 드레인밸브 닫힘압력: 140 psig (max)
- 연료펌프 필터: 200 메시
- 주연료조절 필터: 200 메시
- 주연료조절 서보 필터: 35 마이크론

3) 점화계통

- 점화 승압기 입력 : (ignition exciter input) 102~124 V (AC) 320~480 cps 160 VA (max)
- 점화 승압기 출력: 6,000~10,500 V peak to peak 1~5 sparks/sec (min)
- 점화기 스파크 전압: 1500 V (DC) (min)

4) 윤활계통

- 윤활유: MIL-L-7808
- 오일탱크 용량: 4 쿼트 (미국 1 quart = 0.94 리터, 영국 1 quart = 1.14 리터)
- 오일 유량: 2.5 gpm
- 공기와 오일 소기유량 : (air and oil scavenge flow) 9 gpm
- 오일필터: 40 마이크론, 스테인리스 강

13.2 엔진 주요 구성품

J85 가스터빈 엔진의 주요 구성품을 살펴보기 위하여 그림 13.1에 외부의 일부를 잘라낸 그림(cutaway)이 나타나 있다. J85 가스터빈 엔진은 국내에서도 그림 13.3에 나타나 있는 제공호(F-5) 전투기에 탑재하여 사용하고 있다.

그림 13.3 J85 가스터빈 엔진을 장착한 항공기 (F-5, 제공호)

13.2.1 전방 프레임

전방 프레임(front frame) 구성품이 그림 13.4에 나타나 있다. 전방 프레임 케이싱 조립체①는 기본적으로 판금(sheet metal)으로 제작된 제관품이며, 버팀대⑬로 연결된 내부 쉘(inner shell)②과 외부 쉘(outer shell)③로 구성되어 있다. 전방 프레임은 VIGVs⑫를 통해서 대기 중의 공기가 엔진 내부로 들어가게 하며, 공기를 계량하고 필요한 경우 공기의 방향을 안내한다. 아울러 전방 프레임에는 1번 롤러베어링의 외부 레이스와 롤러④가 설치된다. 롤러는 원기둥 형상이면서 자가정렬(self aligning)되어 오정렬(misalignment)을 방지해주며, 압축기 축 끝단이 앞쪽(전방 프레임 쪽)으로 밀리는 것을 막아준다.

윤활유는 외부 쉘 10시 방향에 위치한 오일주입피팅(oil inlet fitting)⑤을 통해서 롤러베어링에 공급된다. 오일섬프피팅⑥은 6시 방향에 위치하고 있으며, 오일벤트피팅⑦은 2시 방향에 설치되어 있다. 이들 피팅은 내부 쉘 하우징 안쪽에서 적당한 기능을 수행할 수 있도록 버팀대 내부에 설치되어 있는 튜브로 서로 연결되어 있다. 베어링 바로 뒤에 설치되어 있는 오일노즐⑧은 이 부분 안쪽으로 오일을 보내준다. 롤러베어링 뒤에 설치되어 있는 카본시일(windback type carbon running rubbing seal)이 섬프 후방으로 오일이 누설되는 것을 방지한다. 카본

시일을 빠져나온 오일은 오일 수집기(oil collector)⑩에 모여지고 시일 드레인(seal drain)⑪ 밖으로 배출된다. 그림 13.5에 대표적인 카본시일을 나타냈다.

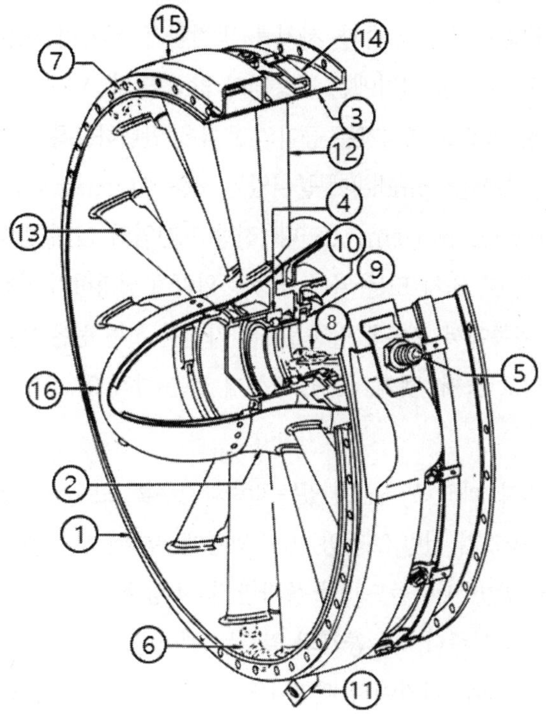

1. Front Frame Casing Assembly
2. Inner Shell
3. Outer Shell
4. No. 1 Bearing Outer Race and Rollers
5. Oil Inlet Fitting
6. Oil Sump Fitting
7. Oil Vent Fitting
8. Oil Nozzle
9. Carbon Running Rubbing Seal
10. Oil Collector
11. Overboard Seal Drain Fitting
12. Variable Vane
13. Strut
14. Actuator Ring
15. Manifold
16. Front Frame Dome "Bulletnose"

그림 13.4 전방 프레임 구성품 - J85 가스터빈 엔진

그림 13.5 대표적인 카본시일

VIGVs(variable inlet guide vanes)를 J85 엔진에서는 단순히 variable vanes라고 칭하고 있다. 물론 J85 엔진의 variable vanes은 현대식 가스터빈에 적용하는 VIGVs와는 형상이 약간 다르기는 하지만 여기서는 현대식 용어인 VIGVs를 사용하기로 한다. 그 이유는 variable vanes이라는 용어가 압축기에 사용하는 variable stators와 유사하여 혼돈을 방지하기 위함이다. 참고로, 현대식 항공용 가스터빈 압축기에는 실속과 서지를 방지하기 위하여 대부분 variable stators를 사용하고 있지만 J85-GE-13 엔진에는 적용되지 않고 있다. VIGVs⑫는 버팀대⑬ 바로 뒤에 설치되어 있으며, 엔진 내부로 흘러가는 공기의 흐름을 안내하도록 설계되어 있다. VIGVs는 각각의 베인 끝에 있는 스핀들(spindle)에 붙어있는 구동 링(actuator ring)에 의해서 통합되어 동시에 움직(synchronized movement)인다. 전방 프레임의 12시 방향에 축방향으로 새겨진 일련의 선들이 VIGVs를 0° 위치 또는 완전 개방된 위치에 설정하기 위하여 구동 링에 새겨진 마크와 함께 사용된다. 왼쪽에서 오른쪽 방향을 따라가면서 첫째 선은 VIGVs를 5°(열림) 위치에 설정하는 것이다. 그리고 둘째, 셋째, 넷째, 다섯째 선은 각각 0°, 5°, 10°, 15° 닫힘 위치에 설정하는 것이다.

전방 프레임에는 방빙장치가 마련되어 있다. 메인 프레임에 있는 압축공기추출 포트(customer bleed port)로부터 추출한 뜨거운 압축기 공기가 전방 프레임 10시 방향에 위치해 있는 방빙밸브로 흐른다. 이 공기가 밸브를 통과하고 방빙 매니폴드⑮를 통과한 후 버팀대에서 빠져나와 VIGVs 표면 위로 흐르는 공기 흐름을 만들어준다. 이 공기의 일부는 베어링 하우징과 전방 프레임 돔(bullet nose)⑯으로도 흘러들어가며, 거기에서 빠져나와 주 공기흐름에 합류한다. 전방 프레임 케이싱, VIGVs, 돔, 전방프레임 덮개(shroud) 등에는 부식 방지를 위하여 에폭시 페인트를 칠한다.

참고로, 압축기의 일차적인 목적은 공기를 압축시켜 연소기로 보내주는 것이며, 이차적인 목적은 엔진 서비스 브리드 에어(Engine Service Bleed Air)를 공급하는 것인데, 이 공기는 고온부품 냉각, 베어링 실 가압, 제빙을 위한 연료계통 가열 등을 위해 사용한다. 또 다른 압축기의 이차적인 목적은 기체 서비스 브리드 에어(Customer Service Bleed Air)라 불리는 항공기에 사용하기 위한 압축공기를 공급하는 것이다. 항공기에는 항공기 객실 여압, 공기조화계통, 공기시동, 압축공기 공급 등을 위해 압축공기가 필요하며, 이런 압축공기를 압축기로부터 추출하여 사용한다.

13.2.2 압축기

압축기는 연소기에 압축공기를 공급해준다. 압축기는 그림 13.6에 나타나 있는 것처럼 축류형 8단이며, 두 개의 중요 부품인 스테이터(stator assembly)와 로터(rotor assembly)로 구성되어 있다.

스테이터는 압축기 로터를 둘러싸고 있으며, 7단의 스테이터 베인③이 설치되어 있는 상부케이싱①과 하부케이싱②으로 구성되어 있다. 크롬합금으로 제작된 압축기 케이싱은 상부와 하부 케이싱으로 분리되어 있기 때문에 이들을 연결하기 위하여 수평중심선을 따라 플랜지가 설치되어 있으며, 강성을 높이기 위하여 외부에 통합 보강리브(integral stiffening ribs)가 설치되어 있다. 상부와 하부케이싱은 수평중심선을 따라 볼트로 체결되어 환형 케이싱이 된다. 그리고 이렇게 조립된 케이싱의 전방은 전방 프레임에, 후방은 메인 프레임에 볼트로 체결한다.

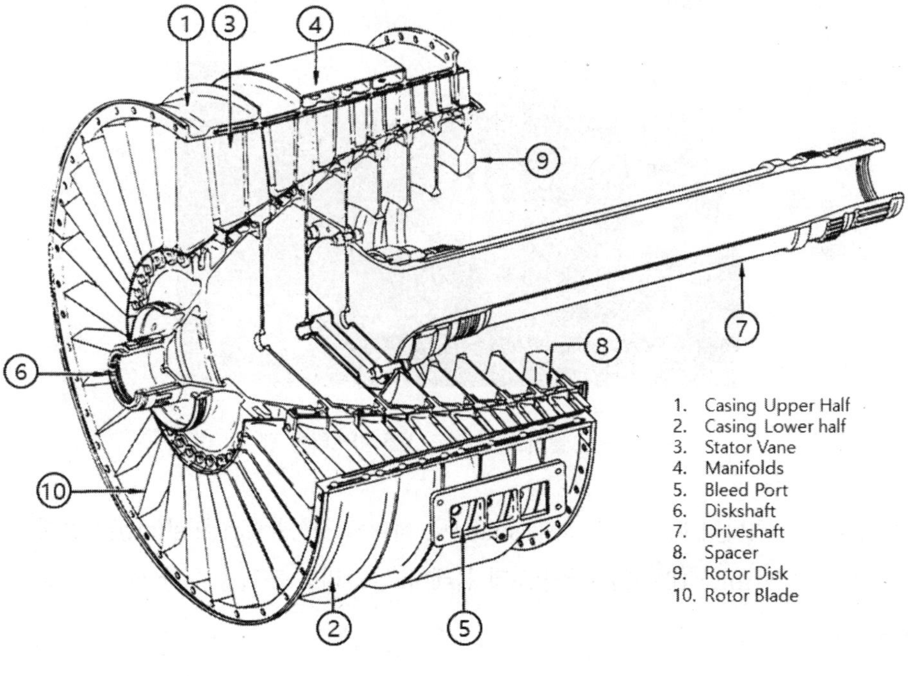

그림 13.6 압축기 - J85 가스터빈 엔진

각각의 스테이터 베인은 각 단마다 12개의 등간격 부채꼴 형상의 조각인 외부 서포트 밴드(outer support bands) 내부에 용접하여 체결한다. 베인이 체결된 부채꼴 형상의 조각들은

7개 각각의 단에 케이싱 안쪽에 가공되어진 원주방향 트랙 안쪽으로 밀어 넣는다. 그리고 1단과 2단 베인의 안쪽(로터 허브 쪽)은 안쪽 밴드(inner bands)에 납땜하거나 비슷한 조각 형태를 가진 슈라우드(shroud)에 부착한다. 1단에서 8단으로 가면서 점진적으로 베인 크기가 작아지기 때문에 하나의 부채꼴 조각에 장착되는 스테이터 베인의 수는 증가하며, 압축기 케이싱에 조립되는 스테이터 베인의 총 수는 768개이다. 케이싱에 조립된 부채꼴 형상의 조각들이 회전하는 것을 방지하기 위하여 두 개의 잠금키(locking keys)를 끼우는데, 하나는 하부케이싱의 분리선(split line) 9시 방향, 다른 하나는 상부케이싱의 분리선 3시 방향에 끼운다.

압축기 3, 4, 5단의 케이싱에 뚫려있는 구멍들은 각 단의 통합 매니폴드(integral manifold)에 연결되어 있다. 이들 매니폴드④는 케이싱의 외부 보강 링(external stiffening rings)에 용접되어진 두루마리 덮개 형태로 이루어져 있다. 이들 매니폴드는 케이싱의 양쪽 수평 분리선 바로 위쪽과 아래쪽에 위치한 압축기 3, 4, 5, 6단의 중간에 있는 블리드 포트(bleed ports)⑤에 연결되어 있다. 그림 13.7에 실제 엔진에 설치된 블리드 포트가 나타나 있다.

그림 13.7 블리드 포트 - J85 가스터빈 엔진

압축기 로터는 하나의 디스크 축(disk shaft)⑥, 하나의 구동축(drive shaft)⑦, 스페이서⑧, 7단의 로터 디스크(rotor disks), 8단의 로터 블레이드, 그리고 조립을 위한 하드웨어로 구성되어 있다.

디스크 축은 1단 스페이서, 1단 디스크, 전방 축, 1번 베어링 라비린스 시일(labyrinth seal) 등이 통합되어 구성되어 있는 부품이다. 라비린스 시일은 열박음 되어 있으며, 디스크 축의 앞부분에 있는 플랜지에 리벳으로 고정되어 있다. 흔히 전방 축 또는 1번 베어링 저널이라고 불리는 디스크 축의 전방 끝부분은 오일 슬링어(oil slinger; 오일이 축을 따라 외부에 누출되는 것을 방지하는 판이며, 오일 디플렉터라고도 한다), 러빙 시일 러너(rubbing seal runner), 1번 베어링의 내부 레이스를 지지한다. 전방 축은 전방 프레임에 들어있는 1번 베어링에 의해서 지지된다.

구동축은 그림 13.8에서 확인할 수 있는 것처럼 후방 끝단에 두 세트의 동력전달용 스플라인(spline)을 가지고 있다. 이들 가운데 전방 스플라인은 베벨 축기어(bevel shaftgear)를 돌려준다. 베벨 축기어는 보조기기 구동 기어박스(accessary drive gearbox)에 동력을 전달하는 래디얼 축기어(radial shaftgear)를 돌려준다. 후방 스플라인은 터빈 로터에 맞물려 있다. 압축기 구동축은 터빈 로터로부터 동력을 전달받는다. 압축기 구동축의 앞쪽 끝부분은 폭이 넓어지는 형태로써 벨마우스(bellmouth) 형상으로 되어 있는데, 이는 구동축을 4단 디스크에 볼트로 체결하기 위함이다. 그리고 압축기 5, 6, 7, 8단 디스크는 구동축과 연결되어 있지 않기 때문에 구동축은 4단 디스크에 연결된 외팔보 형태로 되어 있다.

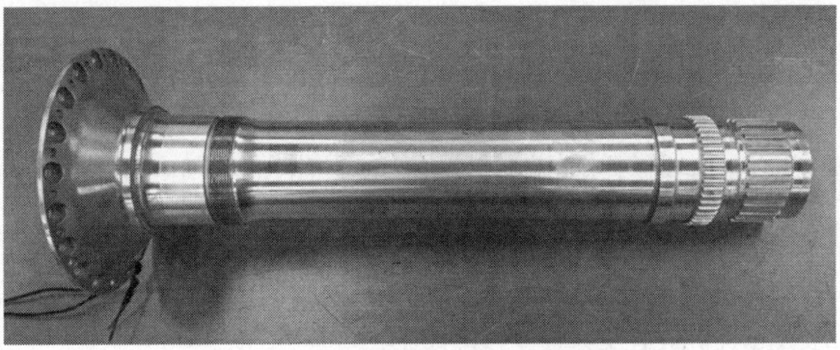

그림 13.8 압축기 구동축 - J85 가스터빈 엔진

8단의 압축기 로터에는 총 807개의 로터 블레이드가 설치되어 있으며, 각 단의 블레이드 수는 1단으로부터 7단에 이르기까지 점진적으로 증가하며, 8단에서는 줄어든다. 1단 블레이드는 핀으로 체결되어 있으며, 나머지 7개 단의 블레이드는 도브테일(dovetail)에 의해 디스크에 체결되어 있다. 각각의 로터 디스크 사이에는 하나의 스페이서가 설치되기 때문에 압축기 로터에는 7개의 스페이서가 장착되어 있다.

이런 압축기 로터의 중요 구성품들은 디스크와 스페이서를 연결하는 둥글게 설치된 스터드(studs)에 의해 단단히 고정된다. 스터드의 양쪽 끝 가운데 하나에는 고정나사(lock nut)가 붙어있다. 스터드는 디스크와 스페이서의 볼트 원 구멍(bolt circle holes)에 정밀하게 끼워지도록 되어있기 때문에 바디바운드 볼트(body-bound bolts; 엔진의 좌우(또는 상하) 부품을 오차 없이 연결해주는 부품) 기능을 한다. 구동축의 벨마우스는 잠금너트를 조립하는 동안에 볼트가 바른 위치에 있도록 붙잡기 위한 받침링(retaining rings)과 함께 조립된 바디바운드 볼트로 로터에 끼워진다. 잠금너트의 조립을 쉽게 하기 위하여 스터드의 한쪽 끝과 볼트는 육각소켓(hex head sockets)으로 되어 있다.

압축기 로터는 3단과 4단 사이에 공기덕트가 설치되어 있다. 공기덕트는 시일을 통과하여 누설되는 오일을 최소화시키기 위해 1번 베어링 시일에 양압(positive pressure)을 걸어준다.

디스크 축에는 두 개의 톱니모양 라비린스 시일이 설치되어 있다. 시일 이빨(seal teeth)은 1단과 2단의 압축기 스테이터 베인 위치에 있는 슈라우드에 맞물린다. 8단의 시일은 8단 로터 디스크 후면(aft face)에 설치되어 있다. 이 역시 라비린스 시일이며, 메인 프레임에 설치되어 있는 고정 시일(stationary seal)에 맞물린다.

13.2.3 메인 프레임

메인 프레임은 엔진을 구조적으로 지탱해준다. 메인 프레임 구성품은 그림 13.9에 나타나 있는 것처럼 동력인출(전달)장치 구동체(power takeoff drive assembly)②의 설치공간을 제공하고 12개의 연료유량분배-연료노즐(12 fuel flow divider-fuel nozzles)③을 설치할 수 있는 메인 프레임①, 연료 매니폴드④, 8단에 설치되는 두 개의 공기누설 체크밸브, 보조기기 구동 기어박스 등으로 구성되어 있다. 8단 출구안내깃(exit guide vanes)은 메인 프레임 전면에 있는 트랙 내부에 12개의 조각으로 장착된다.

메인 프레임은 하나의 외부케이싱 밴드와 하나의 내부케이싱 밴드, 그리고 이들을 연결하는 속이 비어있는 6개의 반경방향 버팀대로 구성되어 있는 제관품(fabrication)이다. 각각의 버팀대는 외부케이싱 밴드에 있는 마운팅 패드(mounting pad) 내부까지 뻗어있다. 6시 방향에 있는 버팀대와 패드에는 PTO(Power Takeoff; 동력인출장치)에 있는 반경방향 구동축(radial drive shaft)을 위한 통로가 마련되어 있다. 보조기기 구동 기어박스는 메인 프레임 6시 방향에 있는 기어박스 받침대(brackets)에 장착된다. 반경방향 구동축은 기어박스에 있는 내부 스플라인에 맞물려 있다.

8시 방향에 있는 패드와 버팀대에는 오일 유입배관(oil-IN line)과 PTO 오일 소기관(oil-scavenge line)의 통로가 설치되어 있다. 2시와 10시 방향에 있는 버팀대와 패드에는 8단에서 누설되는 공기의 통로가 마련되어 있으며, 누설공기 체크밸브와 누설공기 덕트가 설치되어 있다. 시일을 빠져나간 누설공기는 PTO 조립체 케이싱과 메인 프레임 내부 하우징 사이에 있는 공간 내부로 들어간다. 누설공기는 이 공간으로부터 2시와 10시 방향 버팀대를 통하여 벤트된 후에 2개의 누설공기 체크밸브를 통과하여 빠져나간다. 2개의 누설공기 체크밸브 위에 2개의 누설공기 덕트가 장착되어 있어서 누설공기가 배기부(exhaust sector)로 흘러가게 해준다. 6시 방향 버팀대와 패드에는 섬프 드레인 튜브(sump drain tube) 통로가 마련되어 있다. 4시 방향 버팀대와 패드에는 후미 섬프 소기오일 튜브(aft sump scavenge oil tube)와 섬프 벤트 관(sump vent line)이 지나간다.

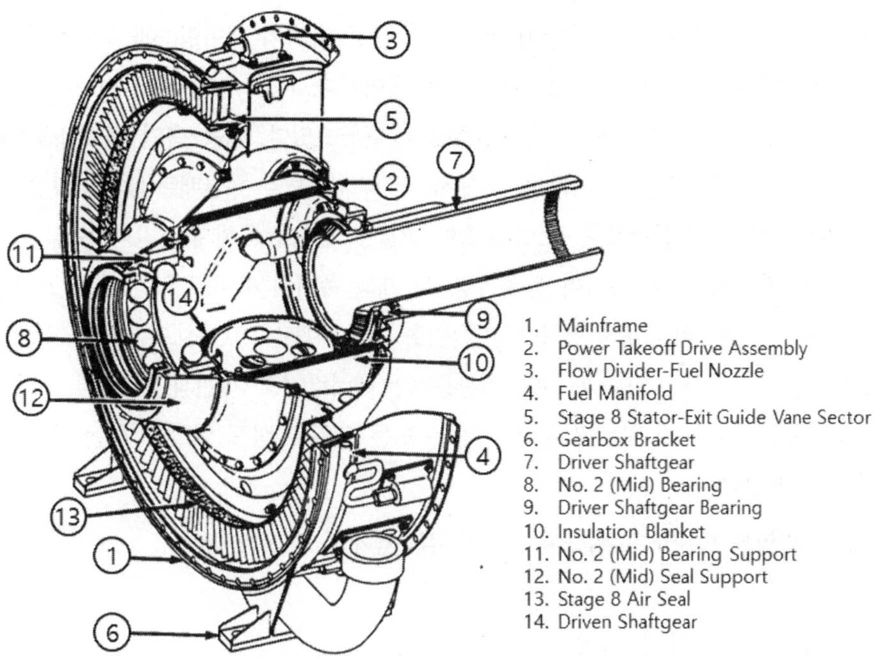

그림 13.9 메인 프레임 - J85 가스터빈 엔진

연료노즐을 장착하기 위한 12개의 패드는 외부케이싱 밴드에 30°씩 떨어져 있는 등간격 구조로 되어 있다. 외부케이싱 밴드의 1, 5, 7, 11시 방향에 4개의 압축기 블리드 포트 패드(four compressor bleed port pads)가 있다. 그리고 추가적으로 두 개의 패드가 마련되어 있는데, 오른쪽 패드에는 주연료 조절을 위한 P3 공기 튜브를 설치하며, 왼쪽에 있는 패드는 후기연소기 연료 조절을 위한 P3 공기 튜브를 설치한다.

13.2.4 동력인출장치

동력인출장치(PTO; Power Takeoff)②는 메인 프레임 내부에 설치되어 있으며, 그림 13.9에 나타나 있다. PTO는 압축기 구동축으로부터 엔진 보조기기로 동력을 전달하는 역할을 수행한다. PTO는 기어를 지탱하고 둘러싸고 있는 하우징과 관련 부품들로 이루어져 있다. PTO는 2번 베어링 받침대에서 카본 시일 받침대를 관통하는 볼트에 의해서 앞쪽 끝단이 고정된다. 그리고 후미는 메인 프레임 내부 쉘(inner shell)을 지탱하고 있는 칼라(collar)에 의해서 지지된다.

압축기 로터 구동축은 PTO를 통과하고 구동 축기어(driver shaftgear)⑦를 지나 구동 축기어 후미에 달려있는 내부 스프라인에 연결된다. 구동 축기어 베어링⑨과 하우징이 축기어의 앞쪽 끝단을 지탱하고 거기서 PTO 하우징으로 들어간다. 피동 축기어(driven shaftgear)⑭는 PTO 하우징 6시 방향 위치에 중심을 맞추어 위치하고 있다. 피동 축기어의 한쪽 기어 끝은 롤러베어링, 다른 쪽 끝은 볼베어링에 의해서 지지된다. 오일 유입배관(lube-IN line)은 8시 방향 위치에서 PTO로 들어오며, 오일 노즐에 연결된 배관을 통해 흘러간다. 오일 노즐은 3번 베어링, 2번 베어링, 구동 축기어 볼베어링, 두 개의 축기어 사이에 있는 메쉬 포인트(mesh point)에 오일을 분무한다. 8시 방향에 연결된 또 다른 배관은 PTO 섬프에 고인 오일이 복귀하는 배관이다. 4시 방향에 있는 두 개의 배관은 3번 베어링 소기 배관과 PTO 섬프 벤트 배관이다. PTO 하우징 내부에 있는 사용하지 않는 모든 오일은 섬프 역할을 하는 보조기기 구동 기어박스로 배출된다.

PTO는 과열을 방지하기 위하여 외부를 절연덮개로 덮고 있다.

13.2.5 2번 베어링과 시일

그림 13.9에 나타나 있는 내부 레이스(inner race)가 분리되어 있는 추력베어링인 2번 베어링⑧은 베어링 받침대⑪에 의해 지지된다. 앞쪽 끝에서 베어링을 둘러싸고 있는 베어링 받침대와 시일 받침대는 메인 프레임에 볼트로 체결되어 있다. 시일 받침대 안에 들어있는 카본시일은 압축기 로터 구동축에 있는 크롬으로 표면처리 한 시일런너(seal runner)와 맞닿으면서 문지름 마찰(rubbing)이 일어나면서 시일 기능을 수행한다.

2번 베어링 윤활유는 PTO 오일 유입배관(lube-IN tube)으로부터 나온 배관을 통해서 공급된다.

13.2.6 연료 매니폴드와 노즐

그림 13.9에 나타나 있는 연료 매니폴드④는 6시 방향 양쪽에 연결된 연료 가압 및 드레인 밸브(fuel pressurizing and drain valve)와 함께 메인 프레임 주위에 설치되어 있다.

연료 매니폴드는 12개의 통합 유량분배 연료노즐(12 integral flow divider-fuel nozzles)에 연결되어 있다. 메인 프레임 외부의 패드에 장착되어 있는 연료노즐은 메인 프레임 외부케이싱을 지나고 연소기 라이너의 반구형 끝부분을 지나 12개의 이중 오리피스 노즐까지 이어진다.

13.2.7 연소기

연소기에서는 압축공기에 연료가 분사되면서 점화가 일어난다. 그림 13.10에 J85 가스터빈 엔진의 연소기가 나타나 있다. 연소기는 환형이며, 하나의 외부케이싱①, 하나의 내부케이싱②, 하나의 라이너③, 3번 베어링 받침대④, 3번 베어링⑤, 3번 시일 받침대⑥, 3번 카본시일⑦, 1단 터빈노즐⑧, 축 보호장치인 샤프트 쉴드(shaft shield)⑨로 구성되어 있다.

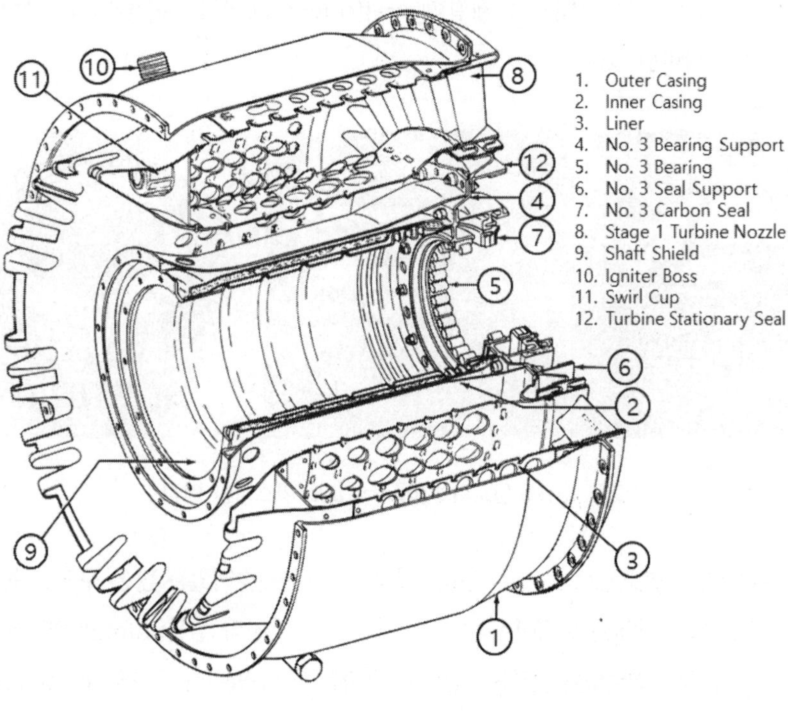

그림 13.10 연소기 - J85 가스터빈 엔진

연소기 외부케이싱은 한 조각이며, 크롬합금으로 제작한다. 외부케이싱은 가스터빈을 구조적으로 지탱하는 중요한 부품이며, 앞쪽은 메인 프레임, 뒤쪽은 터빈 스테이터 케이싱(turbine stator casing)에 볼트로 체결한다. 점화기 보스(igniter boss)⑩에 설치하는 점화플러그는 연소기 라이너 내부 우측상단까지 뻗어있다. 고온으로부터 기체 구성품을 보호하기 위하여 케이싱 외피는 절연물질로 덮여 있다.

내부케이싱도 외부케이싱과 마찬가지로 한 조각으로 이루어져 있다. 내부케이싱 앞쪽은 메인 프레임의 내부케이싱에, 뒤쪽은 3번 베어링 받침대에 볼트로 체결되어 있다. 후방 플랜지에 있는 여러 개의 구멍은 균형피스톤 실(balance piston chamber)로 들어가는 공기 통로가 된다. 균형피스톤이란 가스터빈에 발생하는 추력(thrust)이 너무 큰 경우 추력이 작용하는 반대 방향으로 큰 압력힘을 발생시켜 추력을 상쇄시키는 부품이다. 참고로, 여기서 언급하고 있는 추력은 항공기 추진을 위해서 엔진에서 생산하는 추력이 아니라 엔진 내부에서 발생하는 압력 차에 의해서 발생하는 엔진 자체를 어느 한 방향으로 미는 힘을 말한다.

연소기 라이너③는 카울 부(cowl section), 돔 부(dome section), 외부 쉘(outer shell), 내부 쉘(inner shell), 외부 쉘과 내부 쉘을 연결하는 플랜지로 구성되어 있다. 라이너는 이들 모든 구성품들을 용접하고 리벳으로 체결한 하나(one-piece)의 제관품이다. 그림 13.11에 연소기 라이너가 나타나 있다.

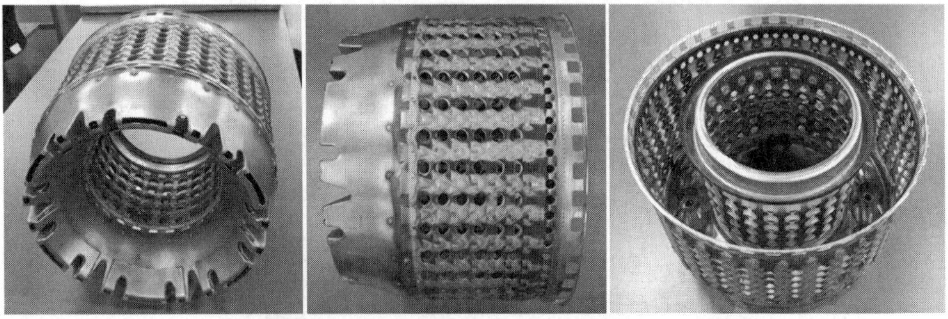

그림 13.11 연소기 라이너 - J85 가스터빈 엔진

압축기를 빠져나와 연소기로 들어온 압축공기가 라이너에 뚫려있는 많은 구멍을 통해 라이너 내부로 들어간다. 라이너에는 그림 13.12에 나타나 있는 것처럼 심블(thimble)과 루버(louver) 두 가지 형태의 구멍이 뚫려있다. 심블은 원형에 가까운 큰 구멍이며, 1차영역(primary zone)에서는 압축공기가 라이너 내부로 수직에 가깝게 깊숙이 침투하여 연료와 혼합되어 연소용 공기로

사용되며, 희석영역(dilution zone)에서는 라이너 내부로 깊숙이 침투하여 연소가스를 냉각시켜 연소가스가 터빈으로 유입되기 위한 설계조건(TIT; Turbine Inlet Temperature)으로 만들어 준다. 루버는 얇고 긴 형상의 구멍으로 압축공기가 라이너 내부로 축방향으로 평행에 가깝게 들어오도록 유도해서 라이너 내부표면에 냉각공기 막을 형성하여 라이너가 고온이 되는 것을 방지한다. 즉 루버는 라이너의 막냉각(film cooling)을 위하여 라이너에 뚫려있는 구멍이다.

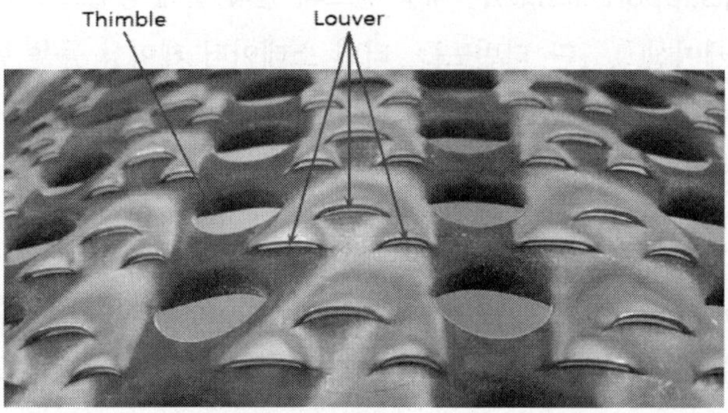

그림 13.12 연소기 라이너의 심블과 루버 - J85 가스터빈 엔진

라이너는 다음과 같은 방법을 적용하여 열팽창으로부터 자유롭게 설계되어 있다. 12개의 연료노즐은 그림 13.13에 나타나 있는 선회기 컵(swirl cup)⑪에서 라이너 내부로 앞부분을 안전하게 지지하고 있다. 뒷부분의 외부 쉘 플랜지(outer shell flange)가 터빈 케이싱과 외부 연소기 케이싱의 연결부(common joint)에 의해서 제자리에 잡혀있게 된다. 내부 쉘 플랜지는 내부 연소기 케이싱과 1단 터빈노즐의 연결부에 의해서 제자리에 잡혀있게 된다. 따라서 라이너는 후방에서 내부 및 외부 쉘 플랜지에 의해서 주로 지지되고 있다.

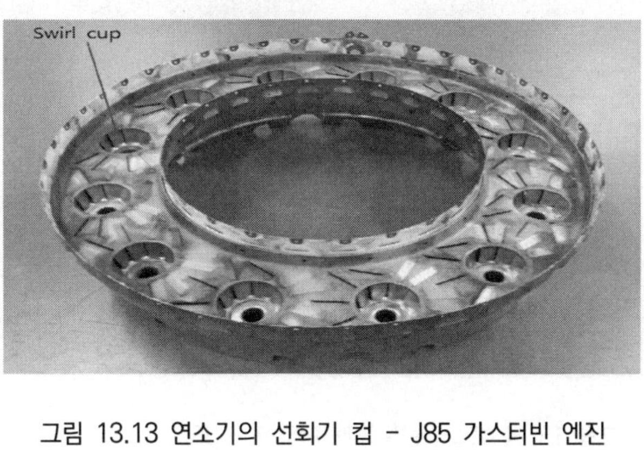

그림 13.13 연소기의 선회기 컵 - J85 가스터빈 엔진

외부 쉘 플랜지 내부에 등간격으로 뚫려있는 냉각공기 구멍은 외부 케이싱 안쪽을 따라 흐르는 비교적 차가운 공기 통로가 되어 냉각공기가 1단 터빈노즐⑧ 내부의 속이 빈 공간으로 흘러 들어 간다.

그림 13.10에 나타나 있는 1단 터빈노즐⑧은 속이 빈 노즐에 연결된 내부 밴드와 외부 밴드로 구성되어 있다. 노즐은 내부 및 외부 밴드의 내부를 도려낸 부분에 위치시키고 용접한다. 시일 서포트 플랜지(support flange)는 내부 밴드의 안쪽 면에 용접으로 부착한다. 외부 밴드에는 외부 연소기 케이싱①, 1단 터빈노즐, 터빈 스테이터 케이싱 등을 함께 고정하는 볼트 장착용 구멍(holes)이 설치되어 있다. 연소기 라이너에 있는 구멍은 노늘 내부 밴드를 냉각시키기 위한 2차 연소공기(secondary combustion air)의 통로가 된다. 그림 13.14에 연소기 라이너에 결합되어 있는 1단 터빈노즐을 나타냈다.

내부 밴드에는 3번 베어링 받침대④와 전방에 있는 내부 연소기 케이싱②과 뒤쪽에 있는 터빈 고정 시일(turbine stationary seal) 사이에 위치하는 플랜지가 용접으로 부착되어 있다. 노즐 내부 공간을 통과하여 흘러내려간 냉각공기는 내부 밴드 바닥 뒤쪽에 있는 구멍을 통해서 1단 터빈 블레이드의 섕크(shank) 부분으로 흘러간다.

그림 13.14 1단 터빈노즐과 파티션 - J85 가스터빈 엔진

3번 베어링 받침대는 3번 베어링⑤의 외부 레이스와 롤러, 그리고 3번 베어링에 윤활유를 공급하는 오일 노즐의 자리를 잡아준다. 3번 시일 받침대⑥는 3번 오일-공기 카본시일(No. 3 oil-and-air carbon seal)의 자리를 잡아주고 터빈 내부 공기시일(turbine inner air seal)을 설치할 수 있는 공간을 제공한다. 3번 베어링 받침대와 1단 터빈 휠 앞면(the face of the stage 1 turbine wheel)으로 이루어진 공간은 균형피스톤 실(balance piston chamber)을 형성한다. 연소기의 내부 라이너(inner liner) 안쪽을 통과한 2차 공기는 균형 피스톤실로 들어와서 압축기가 앞쪽으로 이동하려는 힘에 대응하기 위하여 터빈 휠 전면에 압력힘을 가하게 된다. 이 공기는 1단 터빈 휠에 있는 구멍을 통해 빠져나가 2단 터빈 휠을 냉각시킨다. 공기는 터빈 안쪽 공기 시일(turbine inner air seal)을 통해 누설되어 3번 오일-공기 카본시일에 압력을 가해 오일 누설을 방지해준다.

샤프트 쉴드⑨의 앞쪽 플랜지는 동력인출장치에 볼트로 체결한다. 뒤쪽 플랜지는 3번 베어링 받침대에 볼트로 체결한다. 샤프트 쉴드는 과도한 열로부터 오일 배관과 압축기 로터 구동축을 보호하며, 공동 오일섬프(common oil sump)를 형성할 수 있도록 2번 베어링 영역과 3번 베어링 영역을 연결하는 역할을 한다.

13.2.8 터빈

터빈은 터빈 케이싱(turbine stator casing assembly)과 압축기를 구동하기 위하여 고온 가스로부터 에너지를 추출하기 위한 2단의 터빈 로터로 구성되어 있다. 터빈 케이싱은 터빈 로터를 둘러싸고 있으며, 상부 반쪽과 하부 반쪽으로 분리되어 있다. 그림 13.15에서 확인할 수 있듯이 이들 케이싱은 수평 중심선을 따라 부착되어 있는 플랜지에서 볼트로 체결된다. 케이싱 6시 방향에는 공기 충돌 시동기(air impingement starter) 장착을 위하여 공기 충돌 시동(AIS; Air Impingement Starting) 덕트①가 설치된다. 이 덕트는 공기를 2단 터빈 블레이드로 흐르게 해준다. 터빈 충돌 시동기라고도 불리는 공기 충돌 시동기에 대한 개념을 그림 13.16에 나타냈다.

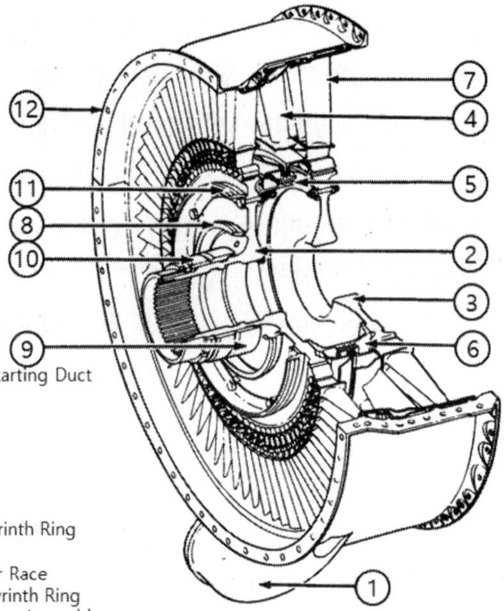

그림 13.15 터빈 - J85 가스터빈 엔진

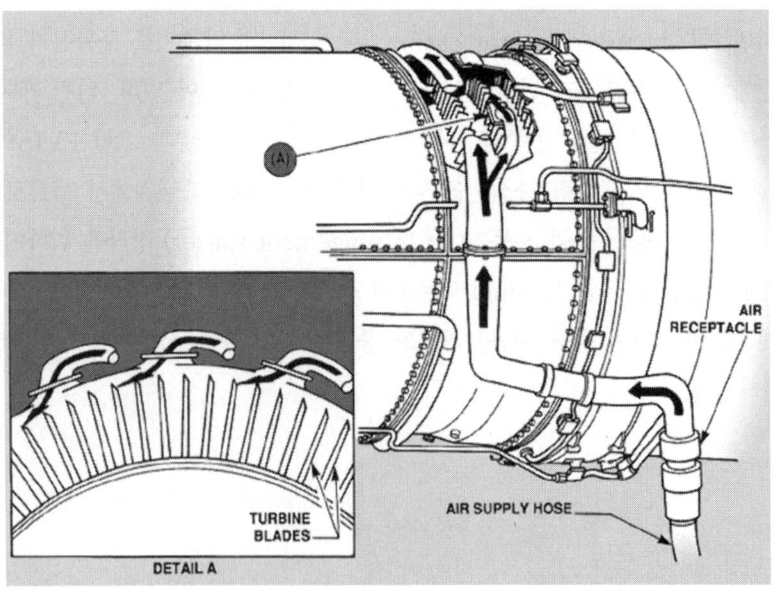

그림 13.16 가스터빈 공기 충돌 시동기 개념

1단과 2단 터빈 휠②③의 슈라우드와 2단 터빈 노즐④은 터빈 케이싱 내부에 있는 트랙에 장착된다. 2단 터빈 노즐은 상, 하 두 개로 분리되어 있으며, 외부 서포트 밴드(support band)와 노즐(파티션), 내부 밴드가 서로 용접되어 있다. 터빈 케이싱이 엔진에 조립될 때 내부 밴드의 플랜지가 1단 터빈 로터와 2단 터빈 단간 시일(turbine interstage seal)을 잡아주고 지탱해준다.

터빈 로터의 주요 구성품은 두 개의 터빈 휠②③, 터빈 단간 시일⑤, 토크링⑥ 등이다. 1단 터빈 휠은 엔진 구동축에 장착할 수 있도록 안쪽에 스플라인이 설치되어 있다. 현재는 버켓(bucket)이라고 불리는 터빈 블레이드⑦는 휠의 원주방향을 따라 도브테일(dovetail)에 끼워지고 로킹 스트립(locking strip)으로 제 자리에 있도록 잡아준다. 고온가스가 터빈 열(row)을 가로질러 빠져나가는 것을 방지하고 진동을 줄여주기 위하여 터빈 블레이드 생크 사이에는 배플을 끼운다. 내부 공기시일 라비린스 링⑧은 1단 터빈 휠 앞쪽 면에 리벳으로 체결한다. 잠금너트와 와셔가 3번 러빙시일 런너(rubbing seal runner)⑨와 3번 롤러베어링 내부 레이스를 잡아준다. 토크링은 1단 터빈 휠 뒤쪽에 장착된다. 토크링을 고정시키는 볼트는 1단 터빈 휠의 전면에 있는 외부 공기시일 라비린스 링⑪도 고정시켜 준다. 토크링은 두 개의 터빈 휠을 연결하고 냉각공기 통로 역할을 하도록 구멍이 뚫린 통합 배플이 설치되어 있다.

터빈 단간 시일은 2단 터빈 노즐의 홈이 파진 내부 밴드에 설치되어 있는 핀에 의해 지지된다. 이 시일의 허니컴 부분은 실링(sealing)을 위해서 토크링에 가까이 붙어있다. 이는 시일의 라비린스 부분이 토크링에 붙어있기 때문이다.

13.2.9 후기연소기

J85 가스터빈 엔진은 추력증강을 위하여 그림 13.17에 나타나 있는 것처럼 후기연소기를 장착하고 있다. 후기연소기는 추가적으로 분사된 연료를 배기가스와 혼합하고 점화시켜 연소시키는데, 이런 이유 때문에 이를 재열(과정)이라 하며, 이때 추가적으로 분사된 연료의 연소를 위해 터빈을 빠져나온 배기가스에 포함되어 있는 미연가스를 이용한다. 후기연소기가 작동하면 배기가스는 기본 엔진의 구조적 한계를 크게 초과하는 온도로 재열된다. 배기가스의 열에너지가 증가하여 온도가 상승하면 비체적이 증가하여 배기가스의 배출속도가 증가하기 때문에 추력이 증가한다. 재열과정에서는 많은 연료가 소모되기 때문에 후기연소기는 추가적인 추력이 필요한 이륙, 상승, 그리고 단기간의 고속성능 향상이 요구되는 경우에만 작동시킨다.

그림 13.17 후기연소기 cutaway - J85 가스터빈 엔진

후기연소기는 디퓨저, 케이싱, 라이너, 가변배기노즐로 구성되어 있다. 후기연소기 케이싱에 있는 마운팅 브라켓(mounting brakets)에 고정되어 있는 세 개의 기계식 나사 잭 액츄에이터(mechanical screw-jack actuators)가 가변배기노즐 액츄에이터 링에 조립되어 있다. 가변배기노즐 동력장치로부터 유연 구동축(flexible drive shafts)이 각각의 액츄에이터에 연결되어 있다. 액츄에이터 링에 연결된 피드백 케이블이 후기연소기 연료조절장치에 노즐면적 치수를 전달한다.

그림 13.18에 나타나 있는 후기연소기 부품인 디퓨저에서는 추가적으로 분사된 연료와 터빈을 빠져나온 배기가스가 혼합되고 점화된다. 디퓨저는 중앙 콘②을 포함하는 외부케이싱①, 화염유지기③와 라이너④로 구성되어 있다. 디퓨저 케이싱에는 통합 유량분배기와 두 개의 메인 스프레이 바 용 연료 매니폴드(main spraybar fuel manifolds), 16개의 독립된 메인 스프레이 바⑤, 4개의 파일럿 스프레이 바⑥와 3개의 파일럿 스프레이 바 용 매니폴드, 2개의 열전쌍 하니스(thermocouple harnesses)와 점화플러그, 전선(lead) 등이 장착된다.

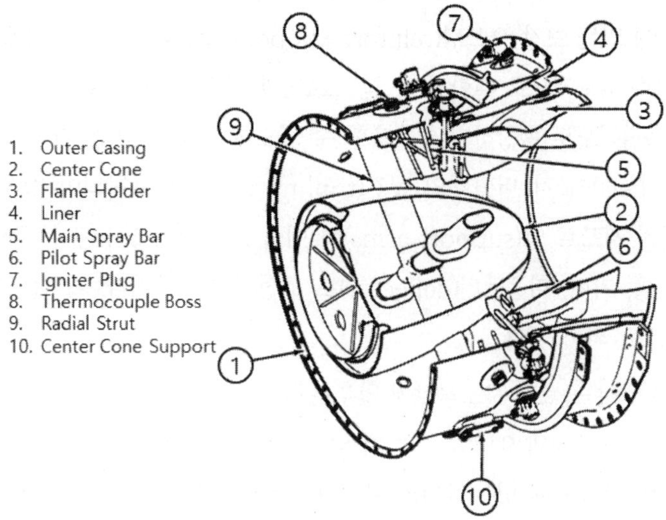

그림 13.18 디퓨저 - J85 가스터빈 엔진

후기연소기가 작동하는 동안에 후기연소기 연료조절기에서 계량된 연료가 연료공급 관과 연료 매니폴드를 거쳐서 스프레이 바에 공급된다. 메인 스프레이 바에서 연료가 화염유지기 앞쪽 배기가스 흐름 속으로 분사된다. 이 연료는 화염유지기를 통과하면서 미연배기가스와 혼합된다. 파일럿 스프레이 바에서도 화염유지기 입구덕트 바로 앞에서 배기가스 속으로 연료가 분사된다. 이 연료는 화염유지기를 통과하는 미연배기가스와 혼합된다.

점화 승압기(ignition exciter)에서 만들어진 전기에너지가 점화선을 통해서 점화플러그에 전달된다. 점화플러그의 스파크 갭 끝단은 디퓨저 케이싱과 라이너를 통과하여 화염유지기 안쪽으로 튀어나와 있다. 후기연소기가 작동을 시작하면 점화기에 스파크가 발생하여 파일럿 스프레이 바에서 분사되는 연료가 연소되어 파일럿 화염이 형성된다. 이 파일럿 화염이 후기연소기 케이싱과 라이너로 들어가는 메인 연료와 배가가스 혼합기를 점화시킨다.

8개의 열전쌍 프로브가 디퓨저 케이싱의 앞부분에 있는 나사형 보스⑧에 설치된다. 열전쌍은 배기가스의 온도변화를 감지한다. 전기 입력으로 변환된 온도변화는 열전쌍 전선을 통하여 온도 증폭기와 항공계기에 전달된다.

디퓨저 외부케이싱과 중앙 콘은 4개의 반경방향 버팀대⑨로 연결되어 있다. 이들 버팀대의 바깥쪽 끝부분은 외부케이싱 쉘(outer casing shell)에 있는 4개의 플랜지에 볼트로 체결되는 4개의 중앙 콘 받침대⑩에 연결된다. 이들 받침대는 버팀대의 끝부분 안쪽으로 뻗어 있어서 온도가 달라짐에 따라 버팀대가 자유롭게 팽창하거나 수축할 수 있도록 되어 있다. 이들 버팀대는 중앙 콘 쉘 안에 있는 보강 오프닝(reinforced openings)을 지나서 중심에서 만나며, 중심에서 용접하여 서로 영구적으로 결합된다. 쉘 오프닝과 버팀대 사이에는 약간의 간격을 두어서 이들 두 부품이 독립적으로 팽창하거나 수축할 수 있도록 해주고 있다. 한 쌍의 마운팅 브라켓(mounting brackets)이 각 버팀대의 뒷전(trailing edge)에 부착되어 있다. 화염유지기를 매달고 있는 4개의 서포트 암(support arms)이 이들 브라켓에 고정된다. 중앙 콘은 노스 부(nose section), 쉘, 커버, 디플렉터(deflector)로 구성된 제관품이다. 커버는 강성을 보강하기 위하여 리브 구조로 되어 있다.

디퓨저 외부케이싱은 중요한 구조물로써 앞부분은 터빈 케이싱에, 뒷부분은 후기연소기 케이싱에 볼트로 체결된다. 3시와 9시 두 위치에 있는 서포트 링(support ring) 보강부분에 있는 4개의 구멍은 후미 플랜지에 있는 4개의 구멍과 나란히 위치한다. 이 위치에 설치된 트러년 마운트(trunnion mounts)는 엔진을 쉽게 취급할 수 있도록 해주며, 기체에 엔진을 장착하기 위한 중요 지지점이 된다. 서포트 링의 12시 방향에 있는 구멍은 엔진의 취급과 설치를 편리하게 해준다.

디퓨저 라이너는 케이싱 내부에 있는 브라켓에 라이너 핀을 맞물리고 케이싱 행거(casing hanger)에 라이너 행거 브라켓을 고정하여 디퓨저 케이싱에 매단다. 이렇게 라이너를 매달기 때문에 라이너는 열팽창으로부터 자유롭다. 라이너의 후미 끝에는 점화플러그를 끼워 넣을 수 있도록 하나의 구멍이 뚫려 있다. 디퓨저 라이너는 과도한 열로부터 디퓨저 케이싱을 보호하며, 케이싱과 라이너 사이에 형성되는 환형 통로는 후기연소기 케이싱과 라이너로 들어오는 냉각공기 통로가 된다.

파일럿 버너(pilot burner) 고유의 기능에 추가해서 화염유지기의 역할은 후기연소기에서 배기가스와 연료 혼합기가 완전연소 될 수 있는 곳에 위치하면서 오목한 부분에 와류를 발생시켜 화염을 가둠으로써 후기연소기의 화염을 안정되게 해주는 것이다. 배기가스 흐름 속에 화염유지기를 매달아 놓기 위하여 4개의 서포트 암(support arms)이 화염유지기 앞쪽 끝에 있는 서포트 암 브라켓과 디퓨저 케이싱에 있는 4개의 반경방향 받침대에 붙어있다. 이런 방법으로 지지되기 때문에 화염유지기는 열팽창으로부터 자유롭다.

후기연소기 케이싱과 라이너는 배기가스-연료 혼합기가 배기노즐을 통해 빠져나가기 전에 완전연소가 일어나기 위해 필요한 영역이다. 후기연소기 케이싱과 라이너는 그림 13.19에 나타나 있는 것처럼 케이싱①, 라이너②, 라이너 연장부(liner extension)③, 16개의 서포트 로드와 진동을 줄여주기 위한 16개의 스너버 바(snubber bars)④로 구성되어 있다. 후기연소기 케이싱은 서포트 로드를 이용해서 행거에 매달려 있는 후기연소기 라이너의 하우징(케이싱)이다. 이렇게 매달아 생기는 케이싱과 라이너 사이에 만들어지는 환형 통로로는 비교적 차가운 연소되지 않은 배기가스가 흘러간다.

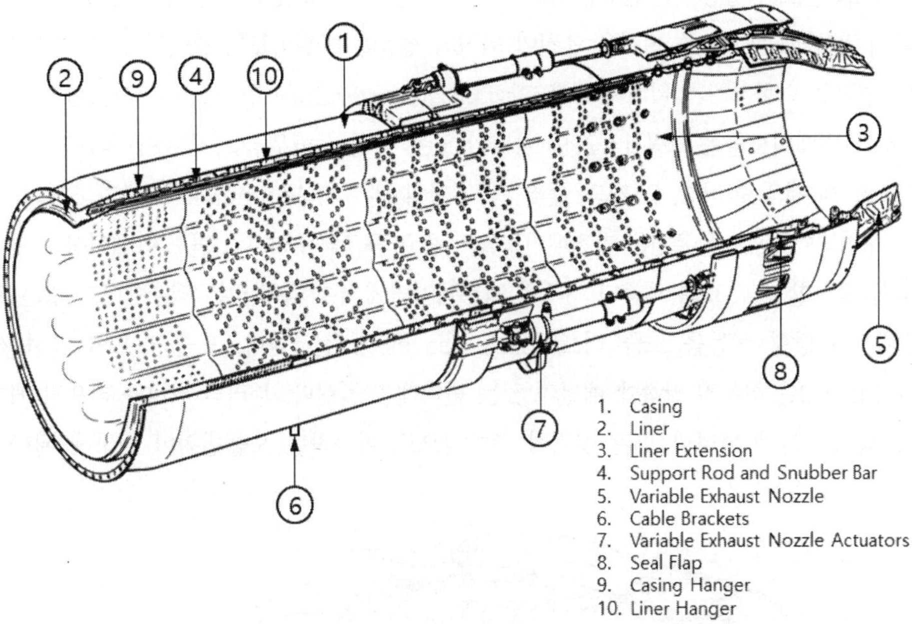

그림 13.19 후기연소기 케이싱과 라이너 구성품 - J85 가스터빈 엔진

후기연소기 케이싱은 중요한 구조물로써 앞쪽은 디퓨저 케이싱에, 뒤쪽은 가변배기노즐⑤ 하우징에 볼트로 체결한다. 후기연소기 라이너 연장부는 케이싱의 후미 안쪽에 붙인다. 라이너 연장부는 후기연소기 라이너와 유사하며 루버 형태(contour and louver pattern)로 되어 있다.

후기연소기 라이너는 열에 의한 뒤틀림을 최소화시킬 수 있도록 구불구불한 표면을 가진 두 조각의 슬립 조인트 원통형이다. 그물망처럼 만들어져 있는 루버 오프닝으로는 냉각공기가 들어가서 라이너 내면에 냉각공기 경계층을 만들어 라이너에 열점이 생기는 것을 방지해준다. 라이너 앞쪽에 있는 구멍 밴드는 소음을 줄여주는 역할을 한다. 쉘의 앞부분 원주에 부착되어 있는 가이드 링은 디퓨저 라이너 슬립링에 맞물린다. 쉘의 후미 안쪽 원주방향에는 구조적 보강을 위한 보강 링(stiffener ring)이 부착되어 있다. 두 개의 라이너를 연결하기 위하여 슬립링을 사용하며, 후미 쉘의 후미 바깥쪽 원주방향에 붙어있는 슬립링은 후기연소기 라이너 연장부와 맞물린다. 슬립 조인트 부착물(slip joint attachments)과 행거 서스펜션(hanger suspension)으로 인해 라이너는 열팽창으로부터 자유롭다.

가변배기노즐(VEN; Variable Exhaust Nozzle)은 배기가스 출구통로이다. 가변배기노즐은 배기가스 온도 조절을 통해서 추력효율이 최대가 되도록 해준다. 후기연소기가 작동하는 동안과 배기가스 온도가 정상적인 한계를 초과하여 증가할 때 노즐 면적이 증가한다. 후기연소기가 작동하지 않을 때 배기노즐 면적은 엔진이 최적의 성능을 발휘하도록 줄어든다. 가변배기노즐은 출구면적을 변화시키기 위해서 수축-확산 노즐(converging-diverging nozzle)을 적용하고 있다. 가변배기노즐은 그림 13.20에 나타나 있는 것처럼 하우징③, 액추에이터 링①, 12개의 링크②, 60개의 롤러⑤, 24개의 롤러 축, 6개의 내부 리프(inner leaves)와 6개의 외부 리프로 구성되어 있다. 하우징은 가변배기노즐의 중요 구조물로써 후기연소기 케이싱에 가변배기노즐을 장착할 수 있도록 해준다. 3개의 액추에이터에 부착되어 있는 액추에이터 링은 링크를 통해서 축방향 이동을 노즐 리프(nozzle leaves)에 전달한다. 노즐 리프의 곡선 선로(curved track)는 하우징 안쪽에 매달려 있는 롤러에 맞물린다. 롤러의 위치와 리프의 배치에 의해 그림 13.21에 나타나 있는 것처럼 축방향으로 이동하면 노즐면적이 변하게 된다.

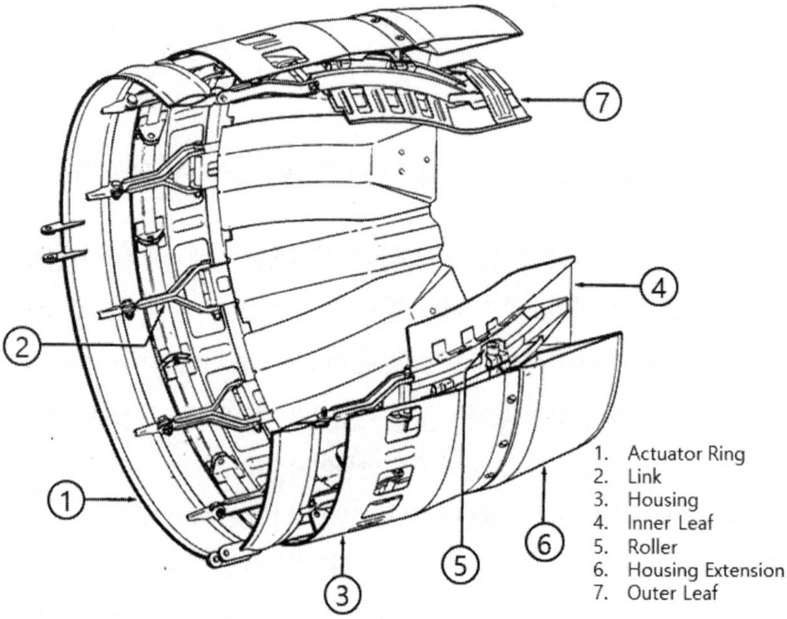

그림 13.20 가변배기노즐 - J85 가스터빈 엔진

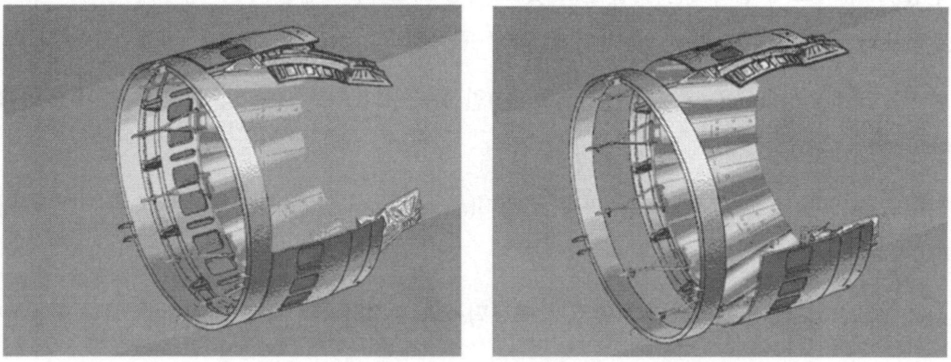

(a) 닫힘　　　(b) 열림

그림 13.21 가변배기노즐 작동 - J85 가스터빈 엔진

가변배기노즐 하우징은 하우징 쉘, 보강 링(stiffener ring), 서포트 밴드(support band), 내부 및 외부 서포트 링, 12개의 전방 베어링 받침대, 12개의 후방 베어링 받침대, 12쌍의 서포트 브라켓으로 구성되어 있다. 이들 부품들은 서로 용접되어 한 조각의 제관품으로 이루어져 있다. 각각의 전방 베어링 받침대에는 두 개의 롤러와 하나의 축이 장착되어 있으며, 각각의 후방 베어링 받침대에는 세 개의 롤러와 하나의 축이 장착되어 있다. 강철로 만들어진 롤러는 베어링 표면이 흑연으로 되어 있으며, 고정축 위에서 자유롭게 회전한다. 항공기로부터 엔진을 떼어내어 외부에서 운전하는 경우에는 연장하우징⑥을 사용한다.

13.2.10 보조기기 구동 기어박스

그림 13.22에 나타나 있는 보조기기 구동 기어박스는 메인 프레임 아래 장착되어 있다. 기어박스 케이싱에는 7개의 마운팅 패드가 있다. 이 가운데 6개는 보조기기를 장착하는 데 사용하며, 하나는 기어박스에서 메인 프레임으로 동력을 전달하는 데 사용한다.

기어박스는 동력인출장치로부터 래디얼 구동축(radial drive shaft)을 통해 동력을 전달받아 구동된다. 이 축은 기어박스 안에 있는 기어박스 축-A 축기어에 구동동력을 전달한다. 그 후 축-A 축기어는 기어박스의 다른 모든 축기어에 동력(input power)을 전달한다.

가변배기노즐계통의 동력장치는 기어박스의 중앙 후방 패드와 전방 중심부에 있는 커스터머 보조패드(customer accessory pad)에 장착되어 있으며, 축-B 축기어로부터 구동동력을 전달받는다.

후방 우측 패드에 장착하는 윤활펌프 및 소기펌프, 그리고 전방 우측 패드에 장착하는 메인 연료펌프와 조절장치는 축-D 축기어에 의해 구동된다.

아이들러 기어(idler gear, or driven gear)인 축-F 축기어는 축-C와 축-E 축기어에 동력을 전달한다.

기어박스 후방 좌측에 장착하는 과속 조속기(overspeed governor)는 축-C 축기어에 의해 구동된다.

좌측 전방 패드에 장착하는 후기연소기 연료펌프와 조절장치는 축-E 축기어에 의해 구동된다.

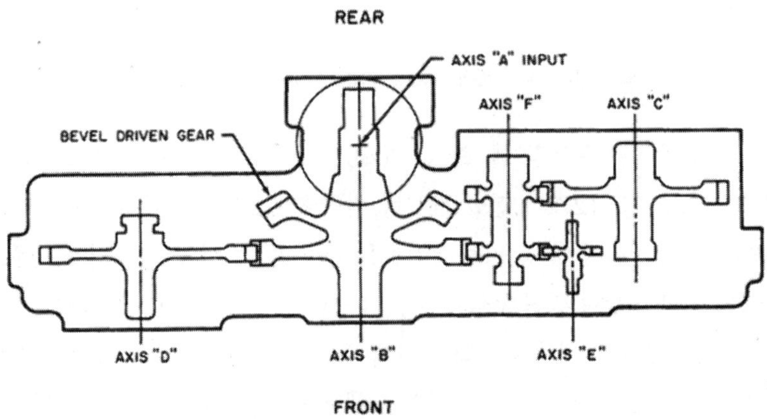

그림 13.22 기어박스 축기어 개략도 - J85 가스터빈 엔진

제14장

J47 엔진 연료노즐 장탈/장착

14.1 J47 엔진 연료계통

J47 엔진의 연료계통은 그림 14.1에서 살펴볼 수 있듯이 연료펌프, 연료조절기(fuel regulator), 멈춤꼭지(stopcock)가 전방 보조기기부(front accessory section)에 설치되어 있다. 그리고 연료조절밸브(fuel control valve)와 연료여과기가 보조기기 받침대(accessory mount support)에 설치되어 있다. 아울러 연료흐름분배기(fuel flow divider), 연료 매니폴드, 연료노즐이 압축기 케이싱과 압축기 후방 프레임에 설치되어 있다. 엔진의 연료조절계통은 스로틀 위치에 따른 적절한 엔진속도를 유지시켜 주고 엔진작동을 가능하게 해준다.

J47 엔진은 일반적인 연료계통에 추가하여 비상연료계통이 설치되어 있다. 비상연료계통은 주연료계통이 고장났을 때 엔진에 연료를 공급해준다.

연료노즐은 다양한 조건에서 신속하고 확실한 연소가 이루어지도록 연소실에 연료를 미세한 입자 형태로 분무하는 장치이다. 연소실 내부에서 형성되는 화염 특성과 연소온도 분포는 연료의 분사각도에 의해 크게 영향을 받기 때문에 연료노즐은 매우 중요한 요소이다. 즉 연료노즐 상태가 불량하여 연료 분사각도가 달라지거나 물방울 형태로 떨어지면 연소실 내부에 열점(hot spot)이 형성되고 엔진 출력에도 변화가 나타난다.

연료노즐에는 단식노즐과 복식노즐이 있다. 단식노즐 구조는 간단하지만 연료의 압력과 공기흐름 변화에 따라 연료를 충분히 분사시켜주지 못하는 단점을 가지고 있다. 복식노즐은 그림 14.2와 14.3에 나타나 있는 것처럼 하나의 노즐에 두 개의 구멍이 있는데, 가운데 작은 구멍으로는 1차연료가 분사되며, 시동 시에 사용된다. 1차연료는 시동 시에 점화가 쉽게 이루어지도록 하기 위하여, 즉 점화기(igniter) 가까운 곳으로 연료를 분사하기 위하여 약 150° 각도로 분사한다. 노즐의 가장자리 구멍으로는 2차연료가 분사되며, 완속회전속도(idle speed) 이상에서 사용한다. 2차연료는 연소실 내벽에 닿지 않고 멀리 좁게 분사하기 위하여 약 50° 각도로 분사한다.

연료흐름분배기(fuel flow divider)는 그림 14.1에 나타나 있는 것처럼 1차연료와 2차연료를 분배하는 역할을 수행한다. 1차연료는 연료압력이 25 psi 이하일 때 small slot manifold를 거쳐 연료노즐 가운데 구멍으로 연료를 공급한다. 2차연료는 연료압력이 25 psi 이상일 때 large slot manifold를 거쳐 연료노즐 가장자리 구멍으로 연료를 공급한다. 연료압력이 25 psi 이상이더라도 1차연료는 계속해서 공급되는데, 이는 그림 14.2에 나타나 있는 형태의 연료 분사를 통해서 높은 연소효율을 유지시키는 동시에 연소실 내부에서 최대한 균일한 연소가스 온도분포를 얻기 위함이다.

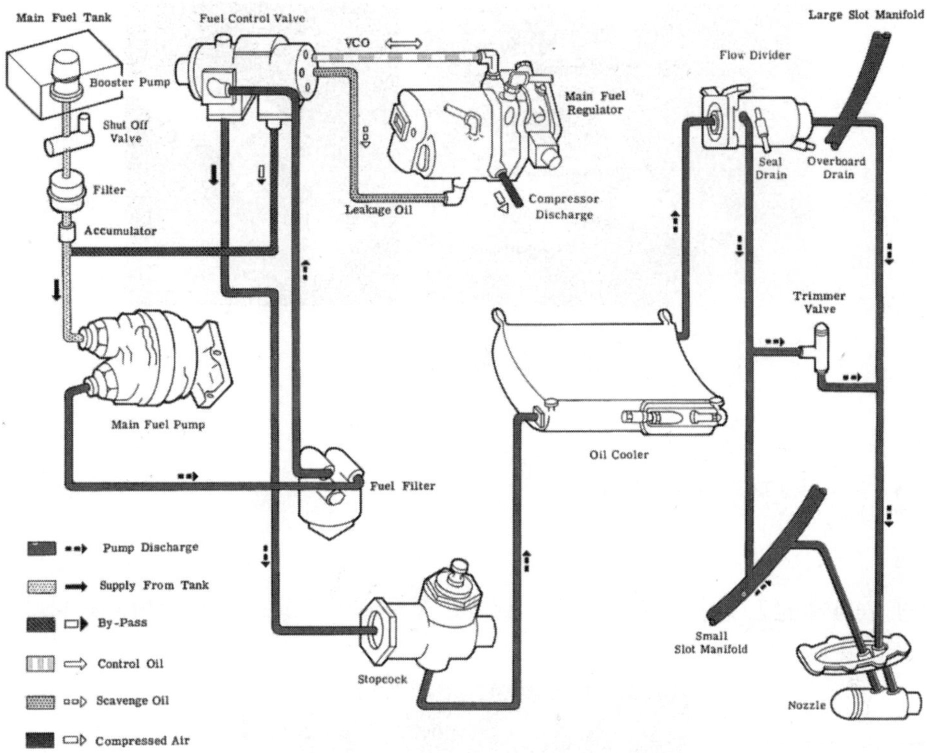

그림 14.1 J47 가스터빈 엔진 연료계통

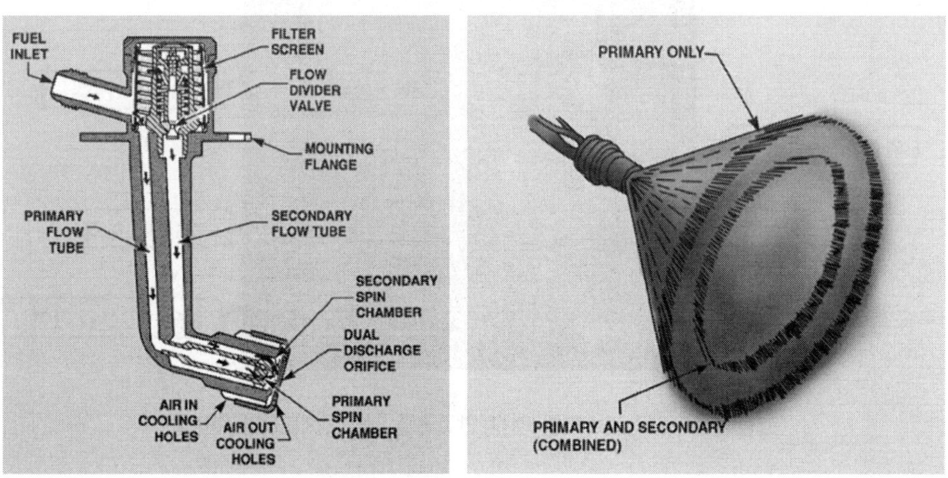

그림 14.2 복식노즐과 분무 형태

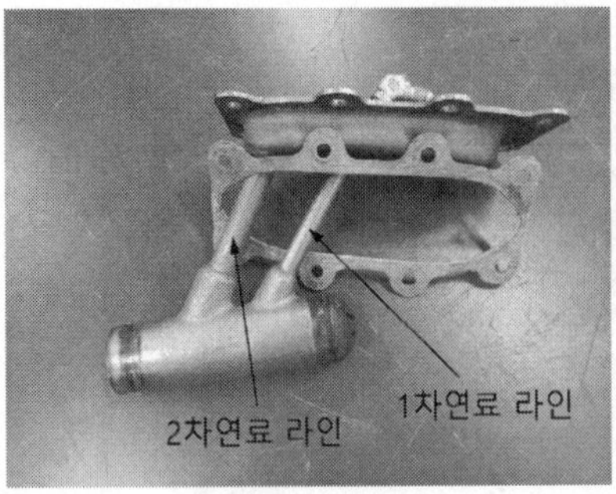

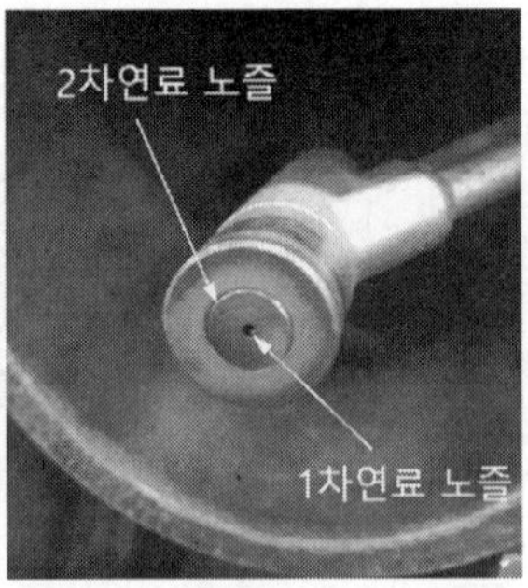

그림 14.3 J47 엔진 연료노즐

14.2 준비물

그림 14.4에 J47 엔진 연료노즐 떼어내기 및 부착하기 작업을 위한 준비물을 나타냈다.

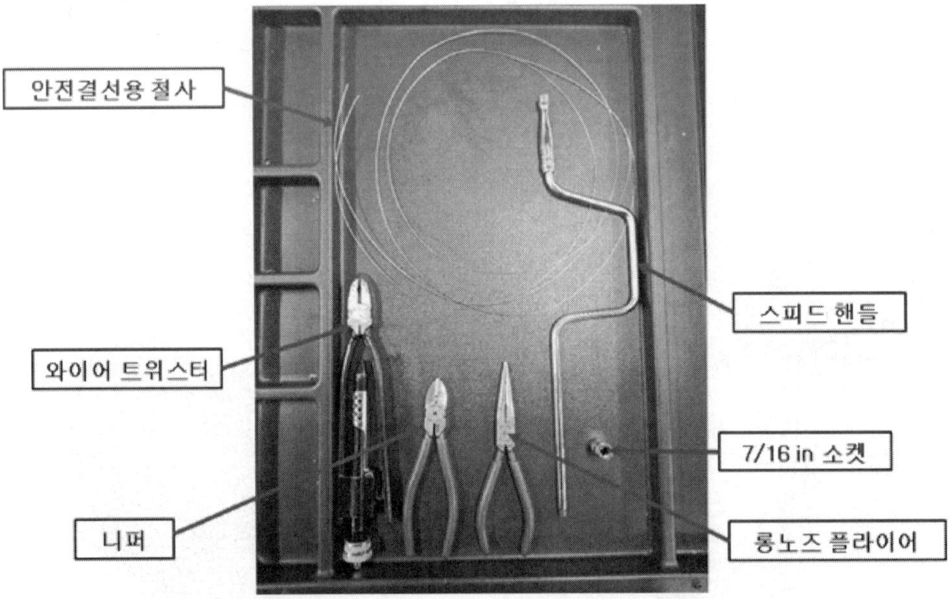

그림 14.4 J47 가스터빈 엔진 연료노즐 장탈/장착 작업 준비물

14.3 연료노즐 장탈/장착 작업 절차

작업하기 전에 캐핑(capping)용 비닐과 고무줄 또는 플라스틱 마개를 준비해야 한다. 이는 연료호스, 연료노즐, 연료매니폴드 등에 나 있는 구멍으로 이물질이 들어가는 것과 연료가 흐르는 것을 방지하기 위함이다. 아울러 작업대 주위는 항상 청결을 유지해야 한다.

J47 엔진에 설치되어 있는 연료노즐 위치가 그림 14.5에 나타나 있다.

그림 14.5 J47 가스터빈 엔진 연료노즐 위치

1) 1 & 2차 연료호스를 장탈한다. (장착되어 있을 경우)
   - 9/16", 11/16" open wrench를 이용하여 연료 매니폴드 쪽을 먼저 장탈하고 캐핑한 후에 노즐 쪽을 마저 장탈하고 캐핑한다.

그림 14.6 연료호스

2) 연료노즐을 고정하는 8개의 드릴헤드볼트에 연결된 안전결선을 제거한다.
   - 안전결선은 가급적 한 줄이 될 수 있도록 풀어서 끊는다.
   - 제거한 안전결선은 지정된 쓰레기통에 버린다.
   - 그림 14.7에 안전결선 제거 작업을 나타냈다.

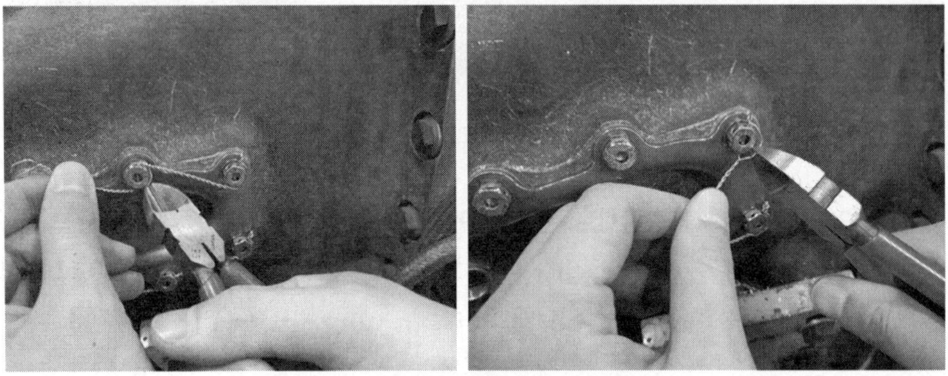

그림 14.7 연료노즐 고정 드릴헤드볼트 연결 안전결선 제거 작업

3) 8개의 드릴헤드볼트를 7/16 인치 소켓과 스피드핸들을 이용하여 대각선 방향으로 풀어 준다. 이때 제일 위에 있는 볼트는 맨 나중에 장탈한다.
   - 대각선 방향으로 푸는 이유는 응력집중을 방지해서 볼트의 나사산이 파손되는 것을 방지하기 위함이다.

• 맨 위에 있는 볼트를 가장 나중에 푸는 이유는 연료노즐을 장탈하는 과정에서 연료노즐이 낙하하는 것을 방지하기 위함이다. 연료노즐이 낙하하면 손상이 발생할 수 있다.
• 풀어낸 볼트는 그림 14.8에 나타나 있는 것처럼 일렬로 정리한다.

그림 14.8 연료노즐 고정 드릴헤드볼트 장탈 및 정리 모습

4) 맨 위에 있는 볼트를 장탈한 다음 브래킷(bracket)을 뒤로 제치고 연료노즐을 떼어낸다.
• 연료노즐을 떼어낼 때 노즐의 분사구가 금속부분에 닿지 않도록 주의한다.
• 개스킷이 바닥에 떨어지지 않도록 주의한다.
• 그림 14.9에 연료노즐을 떼어내는 모습을 나타냈다.

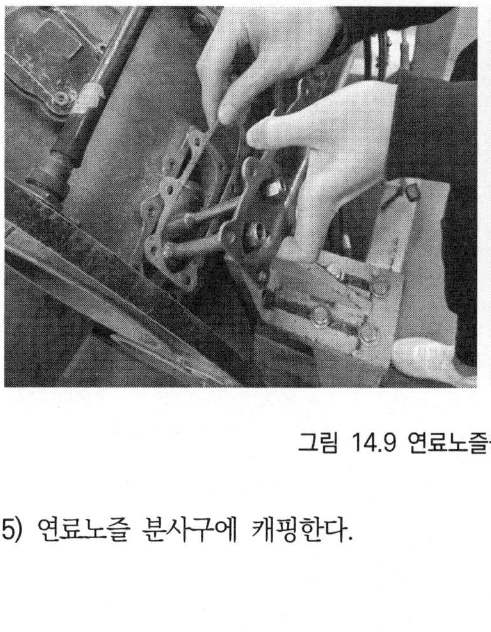

그림 14.9 연료노즐을 떼어내는 모습

5) 연료노즐 분사구에 캐핑한다.

6) 연료노즐을 장착한다.

- 연료노즐의 장착은 장탈의 역순으로 진행한다.
- 개스킷은 항상 새것으로 교환한 후에 연료노즐을 장착한다.
- 8개의 드릴헤드볼트를 체결할 때는 반드시 손으로 먼저 볼트를 조이고 그림 14.10에 나타나 있는 것처럼 대각선 방향으로 토크를 가하여 조인다.
- 8개의 드릴헤드볼트의 토크 값은 40~60 in-lb이다.
- 8개의 볼트에 토크 값을 준 후에 죔볼트(clamp bolt)를 조인다.
- 연료호스를 연료매니폴드와 연료노즐에 동시에 장착하고 조인다. 이때 두 개를 동시에 끼운 다음 연료노즐 쪽부터 조인다.

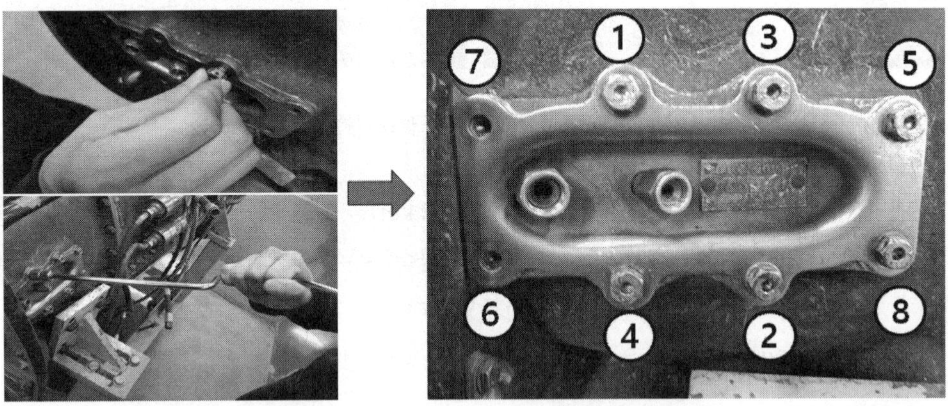

그림 14.10 연료노즐 장착 모습 및 토크 순서

7) 안전결선 작업을 한다.

제15장

J47 엔진 연소기 장탈/장착

15.1 J47 엔진 연소기 일반사항

J47 가스터빈 엔진에는 8개의 캔형 연소기가 설치되어 있다. 연소기 번호는 그림 15.1에 나타나 있는 것처럼 가스터빈 후방을 기준으로 12시 방향에서 시계 방향을 따라 부여한다. 3번과 7번 연소기에는 점화기(igniter)가 설치되어 있다. 그리고 모든 연소기에는 6시 방향에 드레인 라인(drain lines)이 연결되어 있다. 드레인 라인은 연소 종료 후에 혹시 남아 있을 수 있는 액체 연료를 연소기로부터 빼내기 위해서 설치되어 있다.

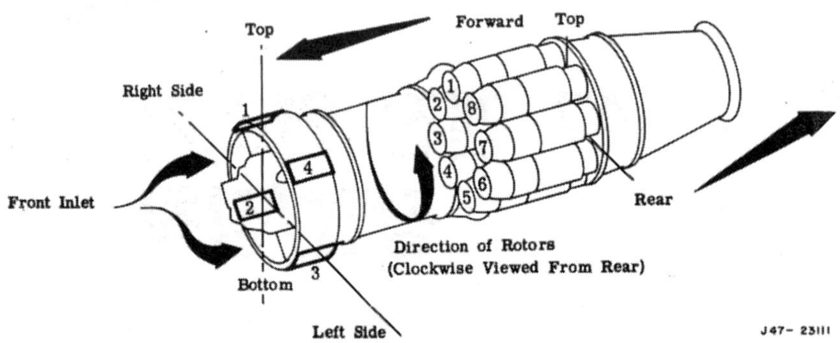

그림 15.1 J47 가스터빈 연소기

15.2 준비물

클램프, 토크렌치, 오픈렌치, 소켓렌치, 스피드 핸들

15.3 연소기 장탈

1) 연료 매니폴드와 연료노즐 사이에 설치되어 있는 모든 연료호스를 떼어낸다.
2) 점화기가 설치되어 있는 3번과 7번 연소기의 점화전선과 점화기를 떼어낸다.
3) 연료노즐을 장착하기 위해 설치한 볼트의 안전결선을 제거하고 볼트를 풀어 연료노즐과 개스킷을 떼어낸다.

4) 드레인 라인(2개)을 분리한다. (2, 7번 연소기는 1개)

- 참고로, 위 내용은 시험장에서 실시하지 않지만 반드시 순서 및 내용을 기억해야 한다.

5) 떼고자 하는 연소기를 확인한다.

- J47 엔진은 각각의 캔형 연소기 6시 방향에 드레인 라인이 연결되어 있기 때문에 4-3-2-1번과 5-6-7-8번 순서로 두 방향으로 떼어내야 한다. 예를 들면, 2번 연소기를 떼어내기 위해서는 4, 3번 연소기를 순서대로 먼저 떼어내야 한다. 또한 8번 연소기를 떼어내기 위해서는 5, 6, 7번 연소기를 먼저 순서대로 떼어내야 한다.

6) 화염전파관을 연결하는 마몬 클램프(marmon clamp)를 푼다.

- 화염전파관이 편심형이기 때문에 쉽게 풀 수 있다. 클램프(2개)는 3/8 인치 소켓렌지와 스피드 핸들을 이용하여 푼다.
- 너트를 완전히 풀지 않고 5회 정도만 풀면 클램프 고리를 벗겨 떼어낼 수 있다. 그런데 만약 고리가 없다면 완전히 풀어야 한다.
- 너트를 풀 때 떨어뜨리지 않도록 주의하고 풀었으면 너트를 다시 손으로 끼워 놓는다.
- 클램프를 벗기는 공구(IC2226)가 별도로 있지만 꼭 사용할 필요는 없다. (참고로, 이 공구는 일반적으로 시험장에는 준비가 안 되어 있다.)

7) 연소기 앞과 뒤에 설치되어 있는 마몬 클램프를 푼다.

- 마몬 클램프는 그림 15.2에 나타나 있다. 연소기 앞부분은 압축기 후방 프레임 턱에, 연소기 뒷부분은 터빈 프레임의 턱에 연결되는데, 마몬 클램프는 연소기를 신속하게 분리 및 결합할 수 있도록 해준다.
- 마몬 클램프(2개)는 7/16 인치 소켓렌치와 스피드 핸들을 사용하여 푼다.
- 5회 정도만 풀면 고리를 벗겨서 떼어낼 수 있다.

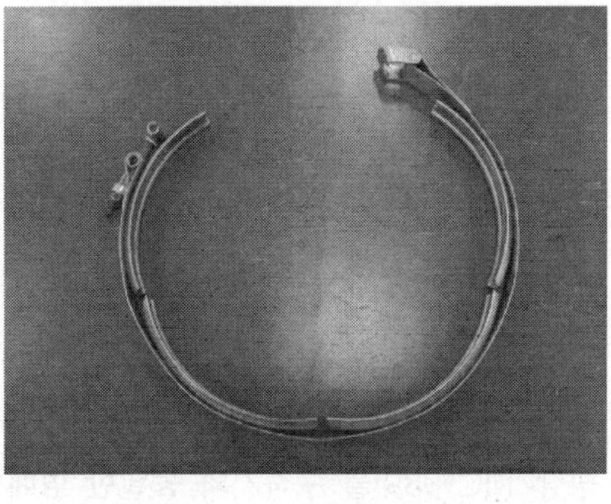

그림 15.2 마몬 클램프

8) 연소기 수축기(bellow compression tool, IC-988)를 사용하여 연소기를 수축시킨 다음 연소기를 떼어낸다.
   - 연소기 후방의 엑시트링(exit ring)이 트랜지션 라이너(transition liner, or transition piece) 속에 끼워질 수 있도록 전/후 방향으로 수축이나 팽창이 가능하도록 되어 있다. 그러므로 연소기를 수축시키면 쉽게 빼낼 수 있다.
   - 수축기의 앞과 뒤를 분명하게 구분해야 한다. 그림 15.3에 나타나 있는 수축기에서 다리 사이 간격이 좁은 쪽이 앞쪽이다.
   - 수축기 다리를 앞쪽은 전방, 뒤쪽은 후방의 턱에 걸고 왼손은 장비를 잡고, 오른손은 손잡이를 잡아당기면 연소기가 길이 방향으로 수축된다.
   - 수축시킨 후 앞쪽으로 약간 밀면서 빼면 된다.

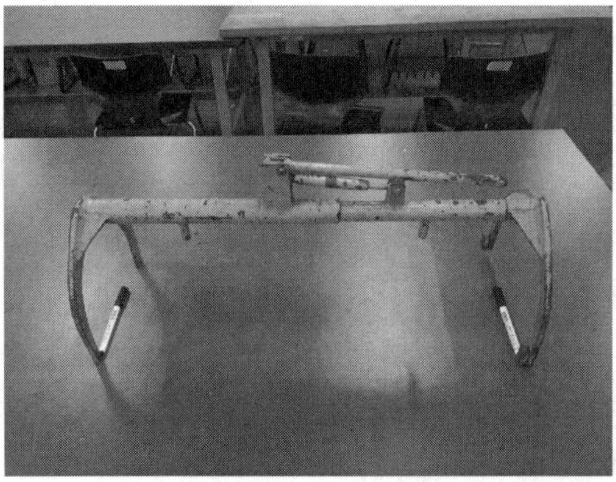

그림 15.3 연소기 수축기

15.4 연소기 장착

1) 연소기 수축기를 사용하여 연소기를 제자리에 넣는다.
   - 수축기를 이용하여 수축시킨 후 트랜지션 라이너 속에 엑시트링을 끼워 넣는다. 이때도 앞뒤를 분명하게 구분해야 한다.
   - 수축기를 뺀다. 그러나 수축기를 빼더라도 연소기가 완전한 제 모습으로 돌아오지 않는다. 따라서 연소실 팽창기(IC-989)를 수축기와 동일한 형태로 걸고 손잡이를 잡아당기면 연소기가 길이 방향으로 늘어난다.

2) 연소기 앞과 뒤에 마몬 클램프를 건다.

- 앞과 뒤를 마몬 클램프로 걸어만 놓는다. 참고로, 앞쪽 클램프가 약간 작다.
- 제자리를 정확하게 찾기 위해 화염전파관과 드레인 라인을 연결해 보아야 한다.
- 압축기 후방 프레임의 플랜지 턱과 연소실 전방 턱을 일치시키고 클램프를 걸어야 한다. 후방은 연소실 후방 턱과 터빈 프레임 턱을 일치시키고 클램프를 건다. 이때 절대로 단단히 조이면 안 된다.
- 클램프를 걸 때 사용하는 공구(marmon clamp clip, IC-2227)가 있는데, 반드시 사용할 필요는 없다.

3) 연소기를 좌우로 돌려서 화염전파관과 드레인 라인이 정확하게 일치하도록 맞춘다.

- 제 위치에 정확히 위치하고 있다고 하더라도 한번쯤 좌우로 돌려서 맞춰보아야 한다.

4) 화염전파관 연결 클램프를 걸고 조인다.

5) 연소기 전후방의 마몬 클램프를 조인다.

- 4)항과 5)항 모두 클램프를 조일 때는 볼트 끝이 밖으로 나오지 않도록 안쪽으로 밀면서 조인다. 이때 3/8, 7/16 인치 소켓렌치와 스피드 핸들을 사용한다.
- 클램프는 양쪽 턱을 함께 걸어서 연결하기 때문에 볼트의 직경에 비해 약한 토크만 주면 된다. 토크 값은 3/8 인치: 25~30 in-lb, 7/16 인치: 40~60 in-lb이다.

6) 점화기와 연료노즐을 부착한다.

제16장

J47 엔진 연소기 분해 및 조립

16.1 J47 엔진 연소기

J47 엔진은 캔형 연소기를 채택하고 있다. 캔형 연소기는 그림 16.1에 나타나 있는 것처럼 케이싱, 라이너(liner), 화염전파관(interconnector, or crossfire tube), 연료노즐 및 선회기(swirler, or swirl vanes) 등으로 구성되어 있다. 하우징(housing)이라고도 불리는 케이싱은 가스터빈 전체적인 외관을 형성하며, 압축공기가 흘러가기 때문에 높은 압력을 견딜 수 있는 강성을 보유한 재료로 제작한다. 화염관(flame tube)이라고도 불리는 라이너 내부에서는 연료와 공기가 혼합되면서 화염이 형성된다. 따라서 고온에 노출되는 라이너는 내열소재로 제작하며, 다양한 냉각기술이 적용되어 있다. 라이너가 높은 내구성을 유지하기 위해서 일차적으로 연료노즐에서 분사되는 연료가 라이너 내벽에 닿지 않도록 해야 한다. 아울러 그림 16.2에 나타나 있는 것처럼 라이너에는 수많은 구멍이 뚫려있는데, 이는 압축기를 빠져나온 압축공기가 라이너 내부로 균일하게 유입될 수 있도록 해주기 위함이다. 이들 가운데 큰 구멍들(holes)을 통해서 유입되는 압축공기는 라이너 내부로 깊숙이 침투되면서 연료와 혼합되어 연소용 공기로 사용된다. 이에 반해 작은 구멍들(louvers)을 통해서 라이너 내부로 유입되는 압축공기는 라이너 내벽을 타고 흐르면서 라이너 내벽과 화염 사이에 냉각공기 막(film)을 형성하여 라이너를 고온으로부터 보호하는 냉각공기로 사용된다. 이를 막냉각(film cooling)이라 한다. 추가적으로 라이너 내벽은 열전도율이 낮은 세라믹으로 코팅하여 라이너가 고온에 노출되는 것을 방지한다. 이를 열차폐코팅(TBC: Thermal Barrier Coating)이라 한다. 라이너 냉각기술을 적용하면 더 높은 화염온도를 유지시킬 수 있으며, 이로 인해 더 높은 TIT(Turbine Inlet Temperature)를 얻을 수 있기 때문에 가스터빈 성능이 향상된다. 이런 이유로 연소기 냉각기술이 꾸준히 향상되고 있다. 한편, 라이너 내부와 외부에는 거의 동일한 크기의 압력이 작용하기 때문에 라이너는 케이싱에 비해서 강성이 크게 문제 되지 않는다. 그러나 라이너는 많은 구멍으로 인해서 구조적으로 취약하며, 연소 시 발생하는 진동으로 인해 균열(crack)이 자주 발생하는 문제를 가지고 있다.

화염전파관은 인접해 있는 연소실에 화염을 전파하는 역할을 수행한다. 캔형 연소기를 채택하는 경우에 점화기는 대개 서로 마주 보는 두 개의 연소기에 설치되며, 가스터빈 시동 시에 점화기가 설치되지 않은 연소기는 점화기가 설치된 연소기의 화염전파관을 통해서 화염이 전파되면서 연소가 시작된다. 참고로, J47 엔진은 3번과 7번 연소기에 각각 2개(총 4개)의 점화기가 설치되어 있다. 일단 연소가 시작되면 연소기 내부에 재순환영역이 형성되며, 재순환 영역에 갇혀있는 화염이 불씨 역할을 수행하기 때문에 점화기와 화염전파관은 더 이상 필요 없게 된다.

그러나 화염전파관은 연소가 진행되는 동안 각 연소실에 형성되는 압력을 균일하게 유지시켜주는 역할을 수행한다. 이는 화염전파관을 통해 각각의 캔형 연소기가 모두 연결되어 하나의 공간을 형성하기 때문이다. 이로 인해 가스터빈 엔진은 낮은 진동수준을 유지할 수 있게 된다.

선회기는 연소기로 유입되는 압축공기의 유동방향을 축방향에서 원주방향으로 바꾸어줌으로써 연소기 길이를 짧게 해준다. 이 과정에서 연료와 공기의 혼합이 촉진된다. 연소기 길이가 짧아지면 가스터빈 전체적인 길이가 짧아져서 가스터빈 무게가 작아지는 동시에 제작비가 절감되는 효과가 얻어진다. 아울러 선회기는 선회기 바로 하류에 재순환영역을 형성시켜 이곳에 화염을 가둠으로써 연소실 내부에서 연속적인 연소가 가능하게 해준다.

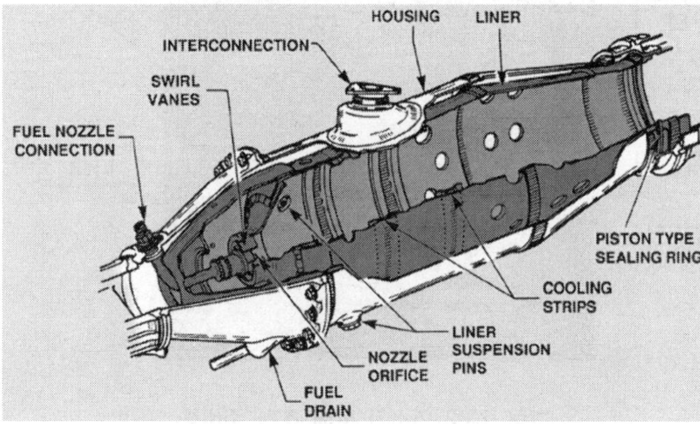

그림 16.1 대표적인 캔형 연소기 형상

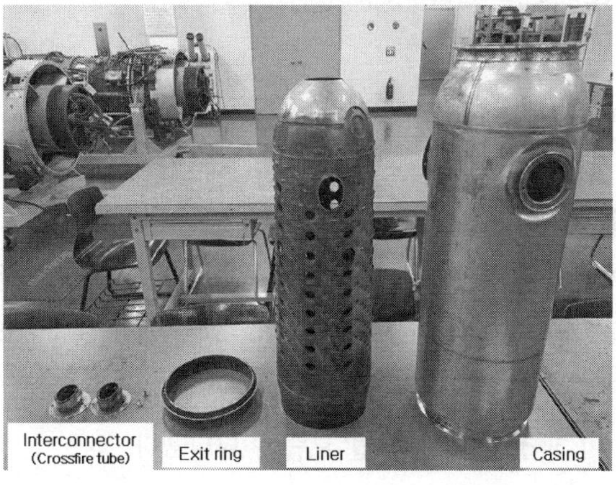

그림 16.2 J47 엔진 연소기 주요 구성품

16.2 준비물

J47 엔진의 연소기를 분해하고 조립하기 위한 준비물이 그림 16.3에 나타나 있다.

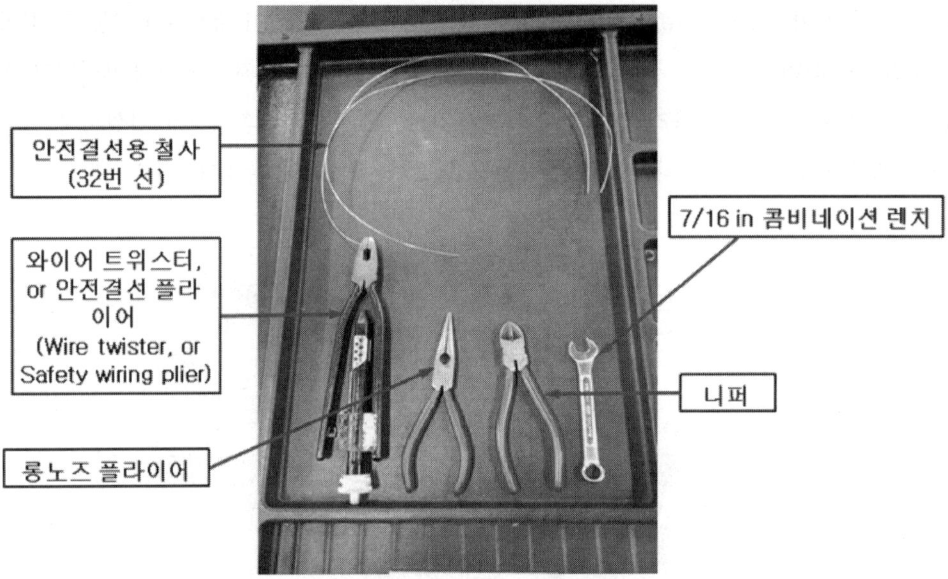

그림 16.3 연소기 분해 조립 준비물

16.3 J47 엔진 연소기 분해

1) 출구링(exit ring)에 연결된 안전결선을 제거한 후에 7/16 인치 러그볼트(lug bolt)를 풀고 출구링을 장탈한다.
   - 공구로 1바퀴만 돌리면 손으로 풀 수 있다.
   - 출구링은 라이너의 후방을 지지하는 부품이다. 라이너의 전방은 화염전파관에 의해 지지된다. 연소 시 라이너는 고온에 노출되기 때문에 열팽창에 의한 신장을 허용해야 한다.
   - 그림 16.4에 이 과정에 대한 작업 모습을 나타냈다.

2) 화염전파관(2개)에 연결된 안전결선을 제거하고 화염전파관을 장탈한다.

- 양쪽의 화염전파관에 라이너가 고정되어 있으므로 분리할 때 라이너가 떨어지지 않도록 주의한다.
- 한쪽을 장탈한 후에 다른 쪽도 장탈한다.
- 안전결선을 제거할 때는 컷팅플라이어(cutting plier)로 끊고 롱노즈플라이어(long nose plier)로 당기면 쉽게 제거된다.

3) 라이너를 빼낸다.

- 한 손을 라이너 속으로 깊게 넣고 약간 들면서 천천히 빼낸다.
- 이때 라이너와 케이싱이 심하게 부딪치지 않도록 주의한다. 심하게 부딪치면 루버(louver)가 찌그러진다.

4) 케이싱과 라이너, 출구링, 화염전파관, 러그볼트(lug bolt)를 검사한다.

- 라이너 균열: 만약 균열이 관찰되면 정비지침서에 따라 스톱드릴(stop drill)이나 TIG 용접을 해야 한다.
- 라이너 핫 스트리크(hot streak) 흔적: 핫 스트리크란 집중적으로 열을 받은 흔적을 말하며, 흰색 또는 검정색으로 나타난다. 핫 스트리크는 연료노즐 분사상태가 불량하거나 루버 틈이 너무 좁은 경우에 발생한다. 핫 스트리크 흔적은 센드페이퍼로 닦아낸다. 그리고 연료노즐을 교환하거나 루버의 틈을 조절한다. 루버의 틈 조절은 go-no go 게이지를 이용하여 원주방향과 길이방향 모두 검사한다.

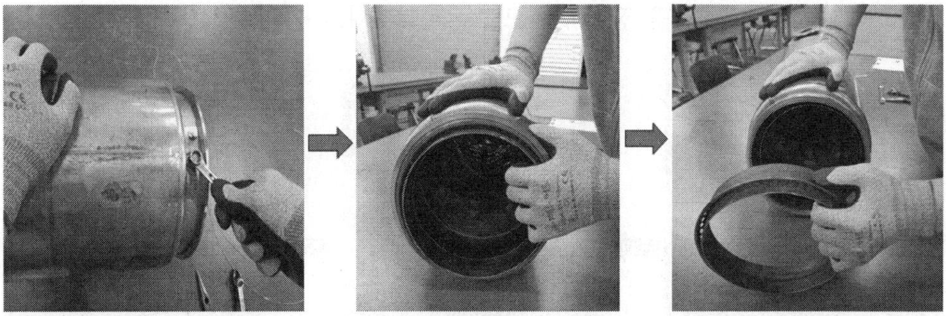

그림 16.4 출구링 장탈 작업 모습

16.4 J47 엔진 연소기 조립

1) 라이너를 케이싱에 넣는다.
   - 라이너를 넣을 때는 화염전파관의 구멍이 맞도록 한다.
2) 케이싱과 라이너에 화염전파관을 연결한다.
   - 그림 16.5에 나타나 있는 것처럼 화염전파관의 열린 쪽이 연소기 입구를 향하도록 조립한다.
   - 화염전파관과 라이너가 정확하게 일치하지 않아도 구별이 잘 안 되기 때문에 주의해야 한다.
3) 화염전파관이 이탈하지 않도록 안전결선한다.
   - 연소기는 핫 섹션 부품(hot section parts)이기 때문에 스틸와이어(steel wire)를 이용하여 안전결선한다.
4) 출구링을 장착한다.
   - 출구링을 라이너 후방에 끼울 때 출구링의 플랜지가 케이싱의 턱진 부분에 고르게 닿아야 정확한 자리에 끼운 것이다.
   - 출구링 고정볼트 구멍에 열에 의한 고착을 방지하기 위하여 고착 방지용 콤파운드(anti-seize compound. MIL-L-25681)를 바른다.
   - 케이싱과 출구링의 볼트 구멍을 일치시키고 볼트를 손으로 체결한 후에 토크(40~60 in-lb) 한다.
   - 안전결선한다.
   - 그림 16.6에 출구링을 장착하는 모습을 나타냈다.

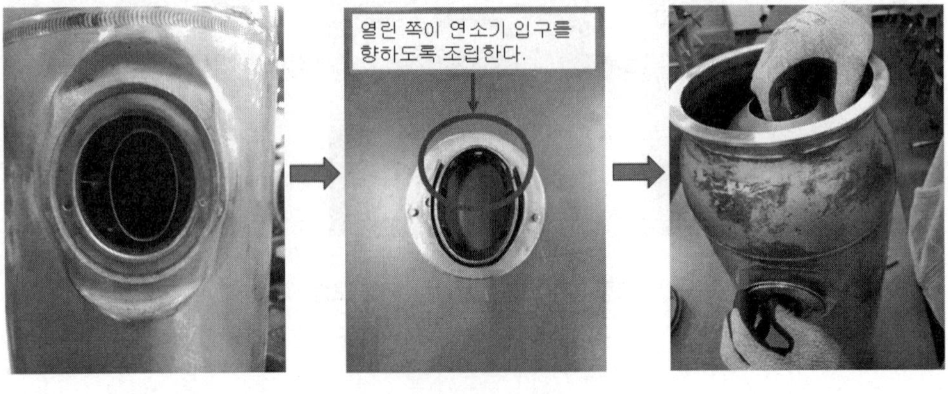

그림 16.5 화염전파관 연결 모습

그림 16.6 출구링 장착 모습

제17장

J47 엔진 오일쿨러 바이패스밸브 장탈/장착

17.1 J47 엔진 오일쿨러

윤활유는 존재하는 상태에 따라 고체, 반고체, 액체윤활유로 분류한다. 대표적인 고체윤활유로는 운모와 흑연이 있으며, 반고체윤활유로는 액체와 비누의 혼합체인 그리스가 있다. 일반적으로 액체윤활유를 오일이라 부른다. 원유를 분류하고 정제하여 만드는 액체윤활유는 압축과 분무가 용이하며, 열을 잘 흡수하고 충격을 완화시켜주는 효과도 우수하기 때문에 항공기용 내연기관을 포함한 모든 형식의 내연기관에 사용하고 있다.

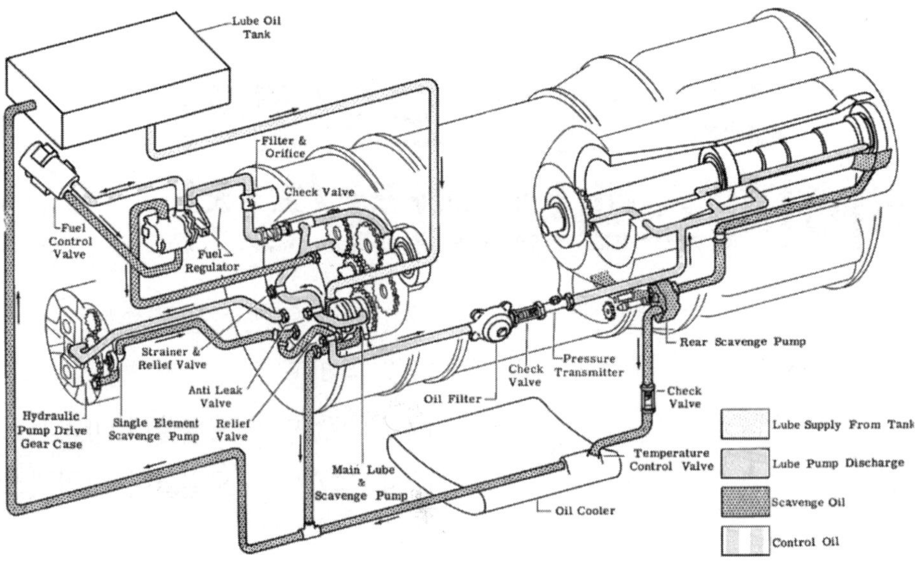

그림 17.1 J47 오일계통 개략도

오일은 베어링과 같은 윤활개소를 통과하는 동안 윤활작용을 통하여 부품의 마모를 방지하고 동력손실을 줄여주는 역할을 수행하는 동시에 마찰 부위에서 발생하는 열을 흡수하는 냉각재 역할도 수행한다. 따라서 오일은 윤활개소를 통과하면서 온도가 상승한다. 그런데 오일의 윤활 특성을 결정하는 점도는 온도변화에 가장 큰 영향을 받으며, 압력변화에 의해서도 영향을 받는다. 오일의 온도가 상승하면 점도가 낮아지기 때문에 윤활기능이 저하된다. 따라서 그림 17.1에 나타나 있는 것처럼 윤활을 마친 오일을 오일쿨러에서 연료와 열교환시켜 온도를 낮춘 후에 오일탱크로 보내준다. 한편, 오일쿨러를 연료/오일 열교환기라고도 부르는데, 이는 그림 17.1과 17.2에 나타나 있는 것처럼 오일쿨러에서 오일과 열교환하는 대상이 연료이기 때문이다.

오일쿨러를 통과한 연료는 온도가 상승하여 연료의 기화성이 향상되고 연료 속에 존재하는 수분이 결빙되는 것이 방지된다.

그림 17.2에서 살펴볼 수 있듯이 오일쿨러에는 온도와 압력을 감지하여 오일을 바이패스시키는 장치가 부착되어 있어서 오일의 냉각이 요구되지 않는 경우에는 바이패스밸브가 열리고 윤활을 마친 오일이 오일쿨러를 통과하지 않고 오일탱크로 보내진다. 그림 17.3에 J47 엔진에 장착되어 있는 오일쿨러 위치와 형상이 나타나 있다.

오일쿨러 바이패스밸브가 열리는 조건은 1) 엔진시동 초기 오일 온도가 충분히 차가울 때, 2) 입구압력이 높을 때(오일쿨러 내부가 막혔거나 점도가 높을 때)이며, 이때 바이패스밸브가 수축되면서 오일이 바이패스 된다.

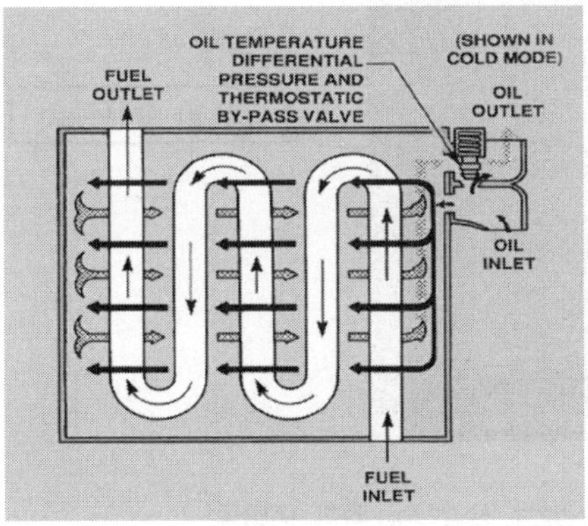

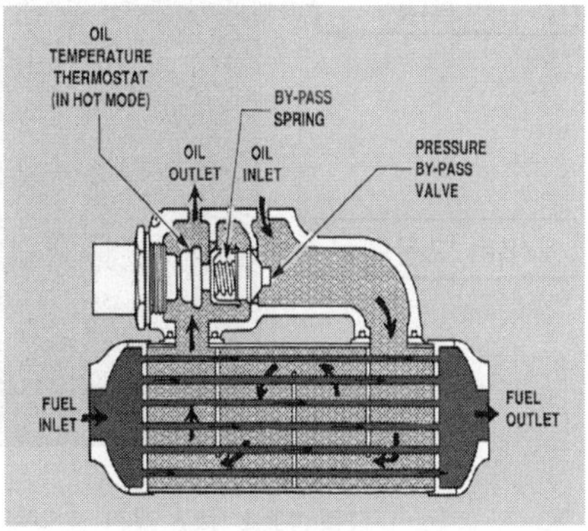

그림 17.2 대표적인 오일쿨러

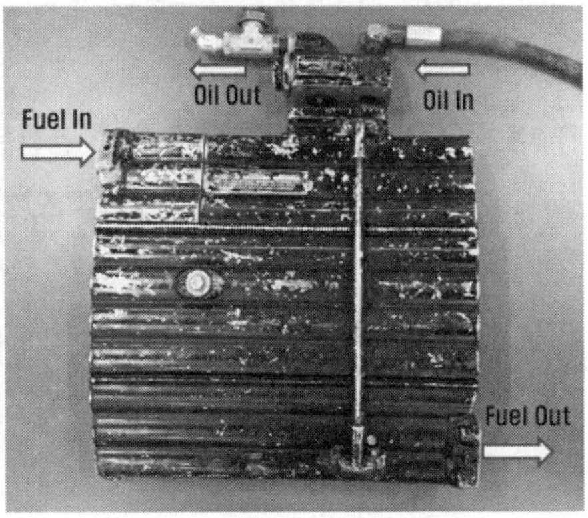

그림 17.3 J47 엔진 오일쿨러 설치 위치 및 형상

17.2 준비물

그림 17.4에 J47 엔진 오일쿨러 바이패스밸브 장탈/장착을 위한 준비물이 나타나 있다.

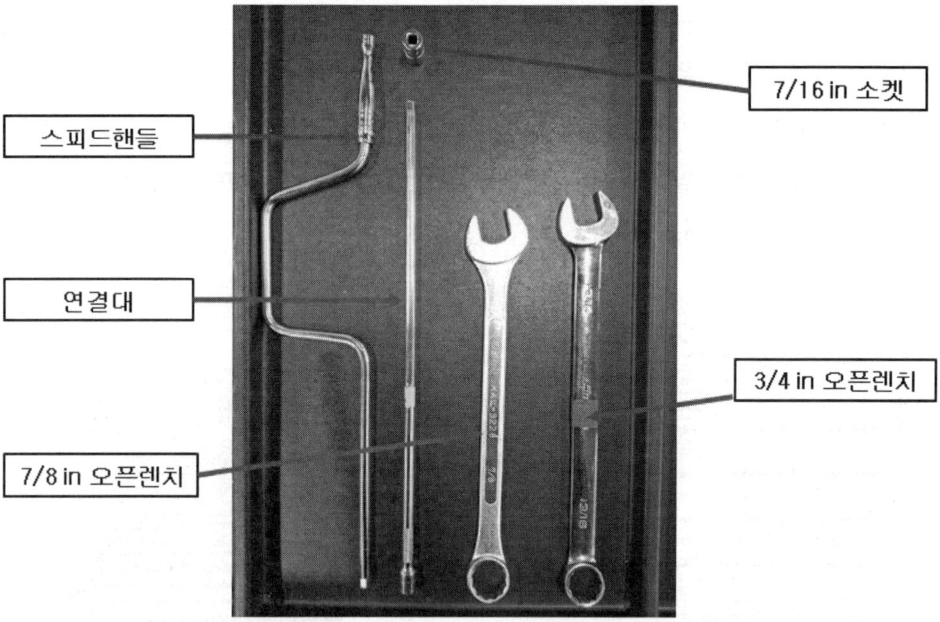

그림 17.4 J47 엔진 오일쿨러 바이패스밸브 장탈착을 위한 준비물

17.3 J47 엔진 오일쿨러 바이패스밸브 장탈

1) 바이패스밸브의 오일 입구부에 연결된 호스를 푼다.
   - 오일의 흐름방향이 부품에 적혀있기 때문에 오일 입구부를 쉽게 찾을 수 있다. 그림 17.5 왼쪽 그림에 나타나 있는 화살표시 부근에 오일 흐름방향이 나타나 있다.
   - 그림 17.5에 나타나 있는 것처럼 오픈렌치(3/4 inch)를 이용하여 바이패스밸브의 오일 입구부 피팅을 잡은 상태에서 다른 오픈렌치(7/8 inch)를 이용하여 오일 입구부에 연결된 호스를 푼다.

그림 17.5 바이패스밸브 오일 입구부에 연결된 호스 풀어내기 작업

2) 오일 출구부에 연결된 호스를 같은 방법으로 푼다. (그림 17.6 참조)

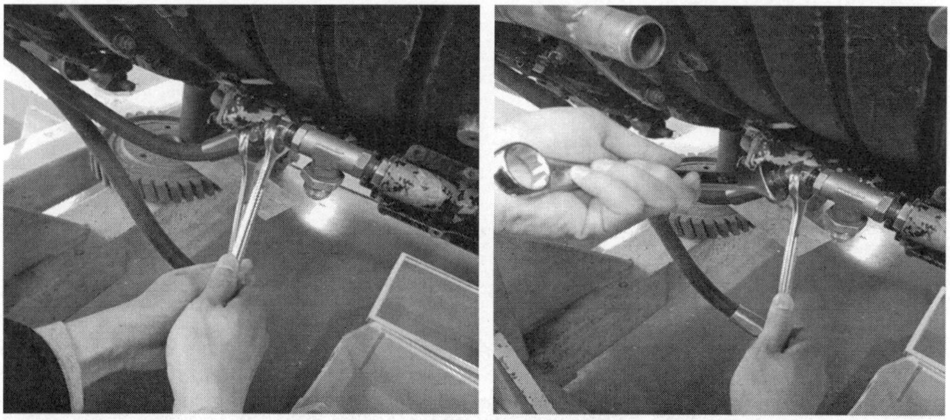

그림 17.6 바이패스밸브 오일 출구부에 연결된 호스 풀어내기 작업

3) 바이패스밸브의 고정 볼트를 푼다.

- 고정 볼트는 스피드핸들을 이용하여 푼다.
- 푸는 도중에 바이패스밸브가 떨어질 수 있으므로 그림 17.7에 나타나 있는 것처럼 바이패스밸브를 손으로 잡은 상태에서 12시 방향의 볼트를 마지막으로 푼다.

그림 17.7 바이패스밸브 고정 볼트 풀어내기 작업

17.4 J47 엔진 오일쿨러 바이패스밸브 장착

1) 바이패스밸브를 장착한다.
   - 그림 17.8에 나타나 있는 것처럼 먼저 12시 방향의 볼트로 바이패스밸브를 고정한 후 나머지 볼트를 손으로 조이고 토크를 가한다. 토크 순서는 대각선방향이다.
   - 손을 넣기 곤란한 곳은 연결대에 소켓을 꽂아서 볼트를 고정한다.

그림 17.8 바이패스밸브 장착 작업

2) 오일 호스를 장착한다.

- 먼저 손으로 조인 후 오픈렌치를 이용하여 토크를 가한다.
- 그림 17.9에 작업 모습을 나타냈다.

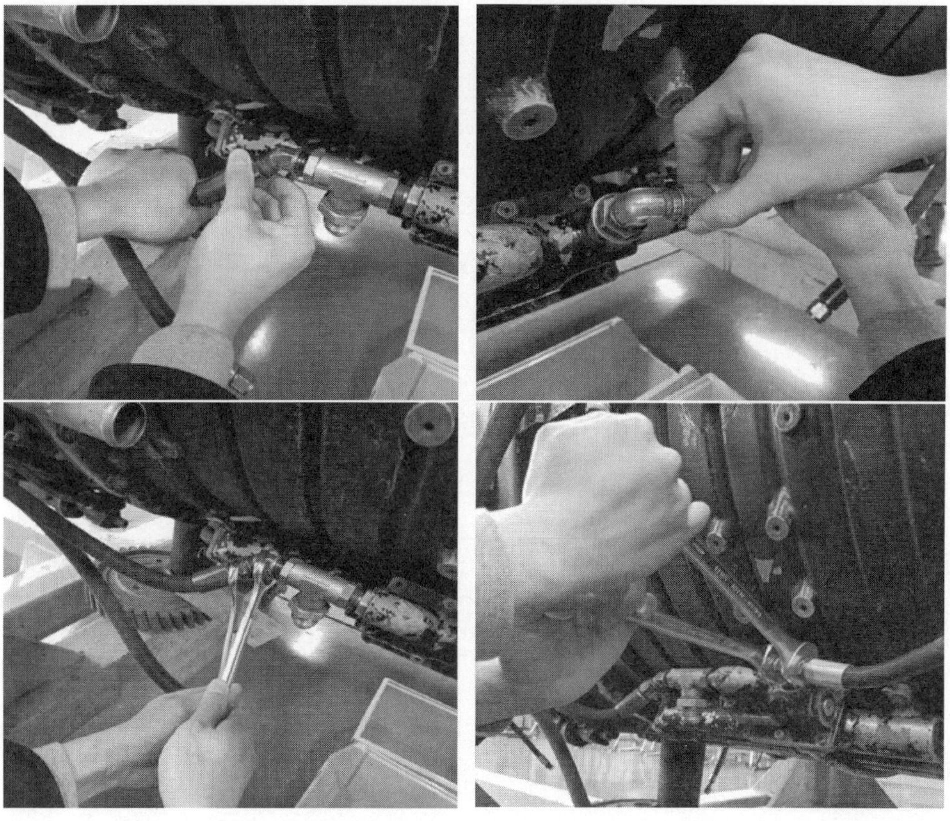

그림 17.9 오일 호스 장착 작업

제18장

보어스코프 검사

18.1 보어스코프 검사

보어스코프(borescope) 검사 목적은 항공용 왕복엔진의 실린더 내부와 가스터빈엔진의 압축기, 연소실, 터빈 부분의 내부를 관찰하여 결함을 발견하여 정비함으로써 엔진의 수명을 연장하고 사고를 미리 방지하기 위함이다.

보어스코프는 원통의 내면이나 구멍 속 등에 생긴 표면결함을 육안으로 관찰하기 위하여 만든 일종의 현미경으로써 조명램프, 렌즈, 반사경 등을 이용하는 광학장치이다. 가스터빈의 각종 중요한 부품에 발생한 표면결함을 조사할 때는 조명램프와 렌즈를 조합한 끝단부를 엔진 등의 특정부에 삽입하여 그 영상을 접안렌즈로 관찰하며, 관찰한 영상을 녹화하기 위하여 컴퓨터나 비디오 모니터를 구비하기도 한다. 일반적으로 현미경(확대경)의 배율은 10배 정도인 것이 많다. 그림 18.1에 휴대용 보어스코프가 나타나 있다.

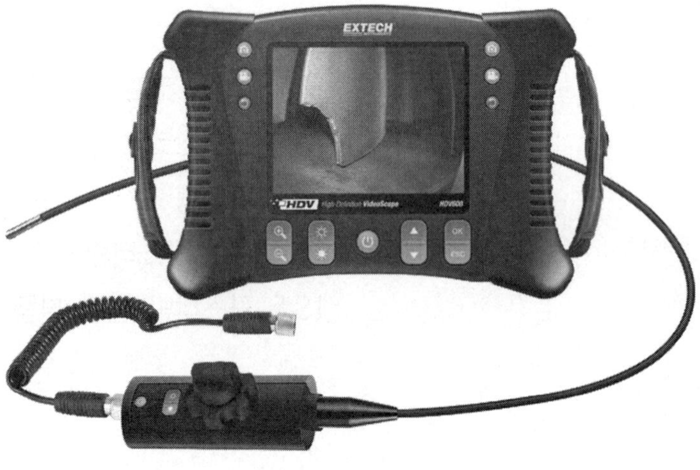

그림 18.1 휴대용 보어스코프

보어스코프 검사는 복잡한 구조물을 파괴 또는 분해하지 않고 내부에 발생한 결함을 외부에서 육안으로 직접 관찰함으로써 분해검사에서 오는 어려움과 시간 및 인건비 등의 비용을 절감할 수 있는 경제적인 검사 방법이다.

18.2 보어스코프 검사 개소 및 시기

왕복엔진의 경우 보어스코프 검사 개소는 피스톤, 실린더 벽, 밸브이다. 보어스코프는 점화플러그 장착용 구멍을 통하여 삽입하며, 검사 개소의 손상 여부를 조사한다. 왕복엔진에서 보어스코프 검사를 시행해야 하는 시기는 다음과 같다.

1) 왕복엔진의 실린더 내부에 이상이 예상될 때
2) 엔진 내부에 부식이 예상될 때

가스터빈엔진 검사 개소는 압축기의 로터 및 스테이터, 연소기의 라이너 및 연료노즐, 터빈의 노즐 및 버켓(bucket) 등이다.

가스터빈엔진에서 보어스코프 검사를 시행해야 하는 시기는 다음과 같다.

1) 엔진 작동 중 FOD(Foreign Object Damage) 현상이 있다고 예상될 때
2) 가스터빈엔진이 고온시동(hot start)되었을 때
3) 가스터빈엔진 작동 중에 배기가스 온도가 규정된 한계를 초과했을 때
4) 실속 또는 서지가 발생하여 원인을 규명코자할 때
5) 가스터빈엔진 내부의 압축기 및 터빈에서 이상음이 들릴 때
6) 엔진 내부에 부식이 예상될 때
7) 엔진을 장시간 사용했을 때
8) 주기 검사를 할 때
9) 정비작업을 수행하기 전에 작업방법을 결정할 때

18.3 막대형 보어스코프 구성

막대형 보어스코프는 그림 18.2에 나타나 있는 것처럼 반사경, 현미경, 손잡이, 건전지 등으로 구성된다. 보어스코프를 조립하기 위해서는 우선적으로 그림 18.3에 나타나 있는 것처럼 손잡이 끝단을 돌려서 건전지를 넣는다. 그리고 그림 18.4에 나타나 있는 것처럼 현미경을 손잡이에 조립한다. 그 후에 그림 18.5에 나타나 있는 것처럼 반사경이 달린 막대를 끼우면 된다. 이 상태에서 손잡이 하단부를 돌리면 반사경 끝단에 불이 들어온다.

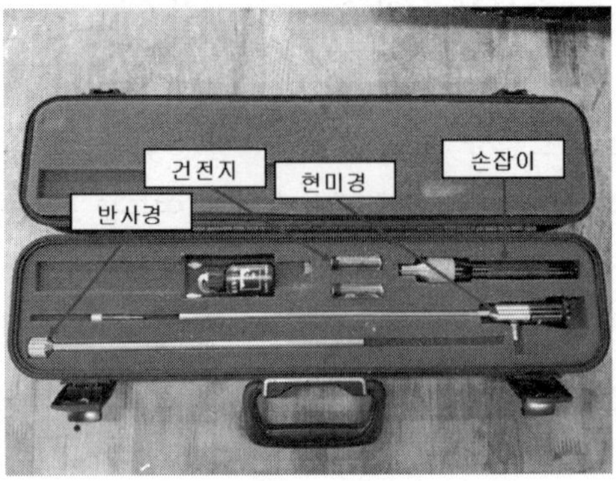

그림 18.2 막대형 보어스코프 구성

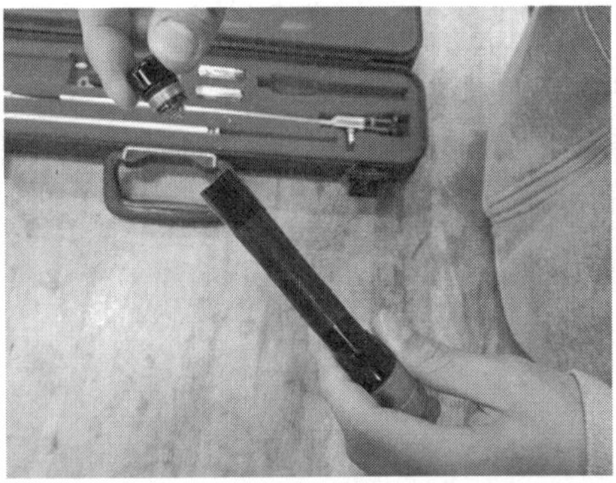

그림 18.3 보어스코프 조립 - 건전지 삽입

그림 18.4 보어스코프 조립 - 현미경을 손잡이에 조립

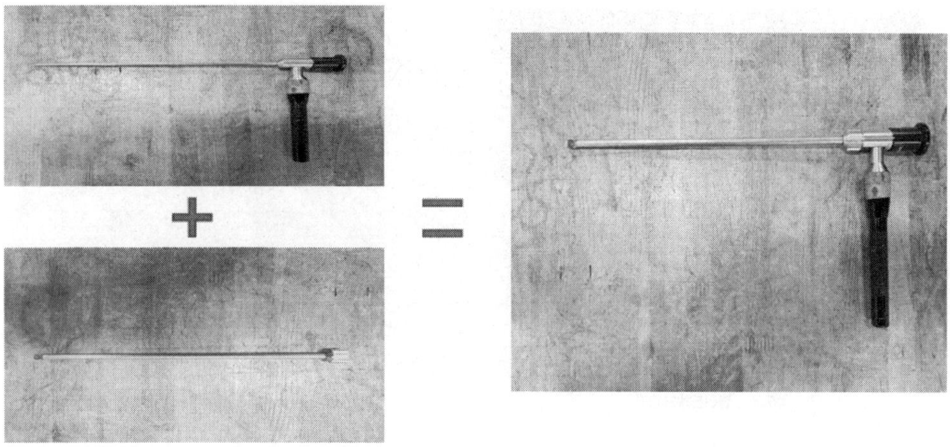

그림 18.5 보어스코프 조립 - 반사경 달린 막대 조립

18.4 J85 가스터빈 엔진 보어스코프 검사 개소

그림 18.6에 J85 가스터빈 엔진 보어스코프 검사 개소를 나타냈다. 그리고 그림 18.7에는 보어스코프 검사를 수행하는 광경을 나타냈다.

엔진 전면부 **엔진 후면부**

그림 18.6 J85 가스터빈 엔진 보어스코프 검사 개소

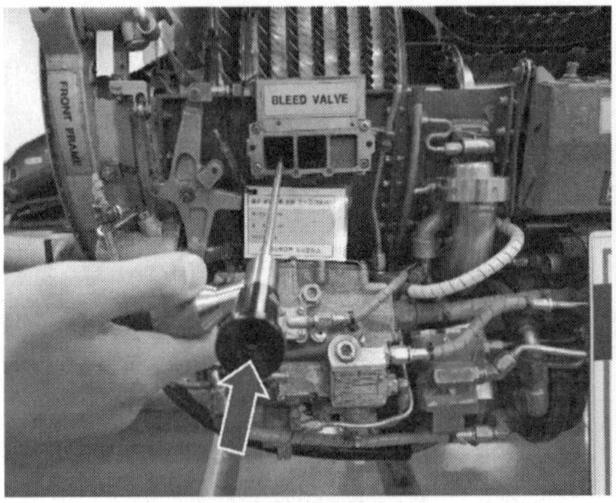

압축기 - 블리드밸브 근처

압축기 - 압축기 출구

연소실 내부

그림 18.7 J85 가스터빈 엔진 보어스코프 검사 수행

18.5 가스터빈 엔진 부품 손상 예

18.5.1 침식

가스터빈 외부로부터 유입되거나 연소과정에서 생성된 고체입자들이 가스터빈 부품에 고속으로 반복적으로 충돌하면 부품에 침식(erosion)이 발생한다. 그림 18.8에 가스터빈 블레이드 앞전에 발생한 침식을 나타냈다.

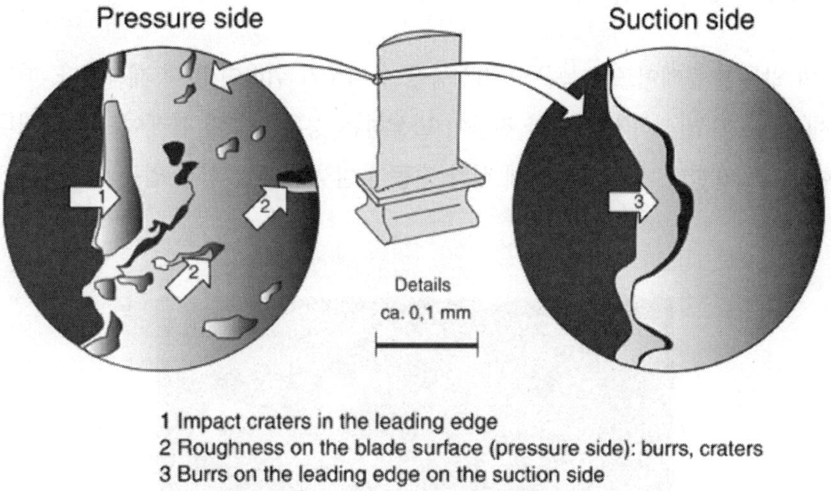

그림 18.8 터빈 블레이드 앞전 침식

18.5.2 고온부식

고온 환경에 노출되는 가스터빈 부품은 고온부식이 발생한다. 대개의 경우 연료에 황(Sulfur) 성분이 포함되어 있는 경우 고온부식이 쉽게 나타난다. 그림 18.9에 가스터빈 1단 블레이드에 발생한 고온부식을 나타냈다.

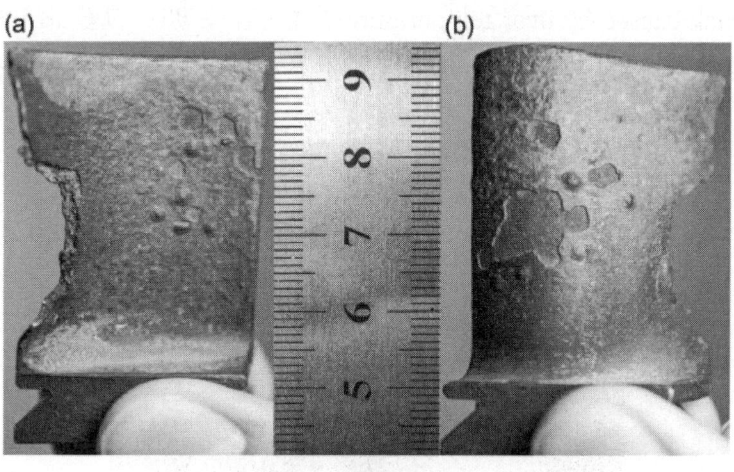

그림 18.9 터빈 1단 블레이드 고온부식

18.5.3 굽힘 및 찢겨짐

가스터빈 압축기 블레이드는 높은 공력성능을 유지하기 위하여 얇게 제작한다. 따라서 압축기에 서지(surge)가 발생하거나 심한 진동이 발생하는 경우 압축기 블레이드가 휘거나 찢겨져 나가는 현상이 발생한다. 그림 18.10에 심한 진동이 발생한 후 손상된 압축기 블레이드 형상을 나타냈다.

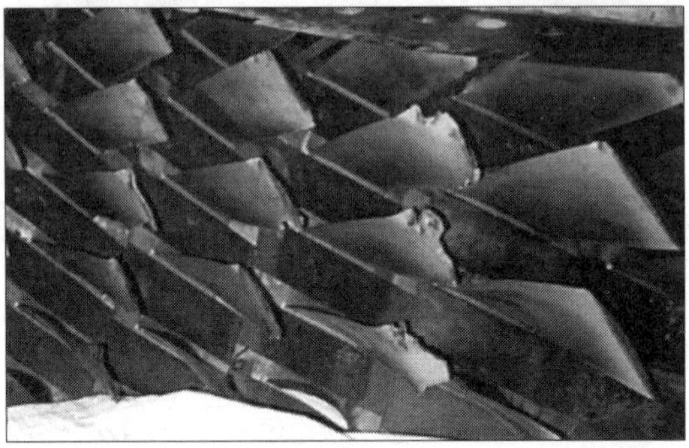

그림 18.10 압축기 블레이드 굽힘 및 찢겨짐

18.5.4 과열 크랙

고온에서 운전되는 가스터빈 블레이드는 정해진 온도보다 높은 온도 환경에서 운전되는 경우 과열 크랙(crack caused by over temperature)이 발생할 수 있다. 그림 18.11에 과열 크랙이 발생한 터빈 블레이드 형상을 나타냈다.

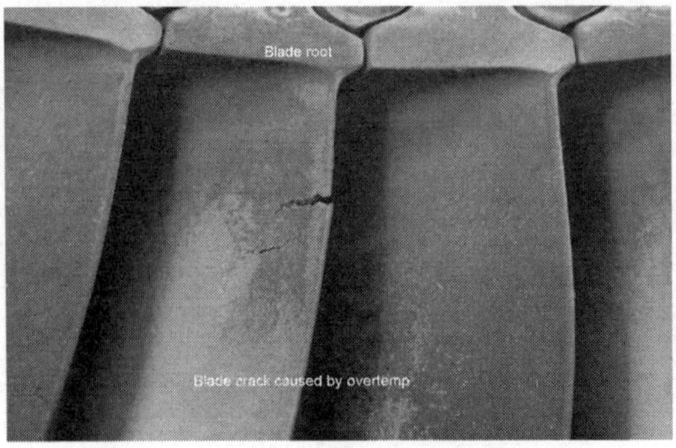

그림 18.11 터빈 블레이드 과열 크랙

제19장

액체침투 탐상검사

19.1 일반사항

액체침투 탐상검사(PT; Liquid Penetrant Test)는 시험체 표면에 침투제를 도포하여 침투제가 표면에 열려있는 균열과 같은 불연속부에 침투할 수 있는 충분한 시간이 경과한 후에 표면에 남아 있는 잉여 침투제를 제거하고 그 위에 현상제를 도포하여 불연속부에 침투해있는 침투제를 빨아올림으로써 불연속의 위치, 크기, 형상을 검출하는 검사방법으로써 가장 오래되고 널리 활용하고 있는 검사 방법이다. 그림 19.1에 나타나 있는 것처럼 침투제는 색상을 띠고 있기 때문에 결함의 크기와 형상을 쉽게 확인할 수 있다.

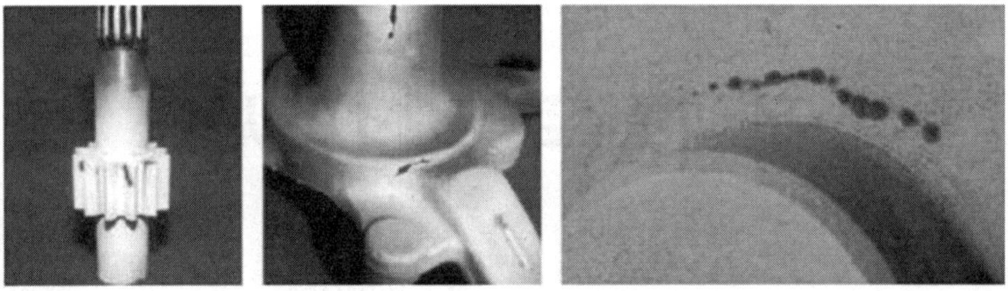

그림 19.1 액체침투 탐상검사에 의한 결함 도출

액체침투 탐상검사는 철금속 뿐만이 아니라 세라믹, 플라스틱, 유리 등과 같은 비철금속에도 적용할 수 있으며, 시험체 형상이 복잡하더라도 쉽게 적용할 수 있다는 장점을 가지고 있다. 그러나 소재 내부에 깊숙이 존재하여 결함이 시험체 표면에 열려있지 않는 경우에는 결함을 검출할 수 없다는 단점을 가지고 있다. 아울러 시험체의 표면조도(surface roughness)가 너무 거칠거나 표면에 기공이 있는 경우에는 정확한 검사가 어렵다는 단점이 있다.

액체침투 탐상검사는 검사장비가 간단하고 훈련받지 않은 검사원이 검사를 수행할 수 있을 정도로 검사절차 또한 간단하다. 그러나 정확한 검사를 위해서 시험장비, 시험재료, 검사절차 등에 대한 기술적 이해를 반드시 갖추는 것이 요구된다.

19.2 액체침투 탐상검사 절차

액체침투 탐상검사에 대한 절차를 그림 19.1에 나타냈다. 그 절차를 간단히 정리하면 다음과 같다.

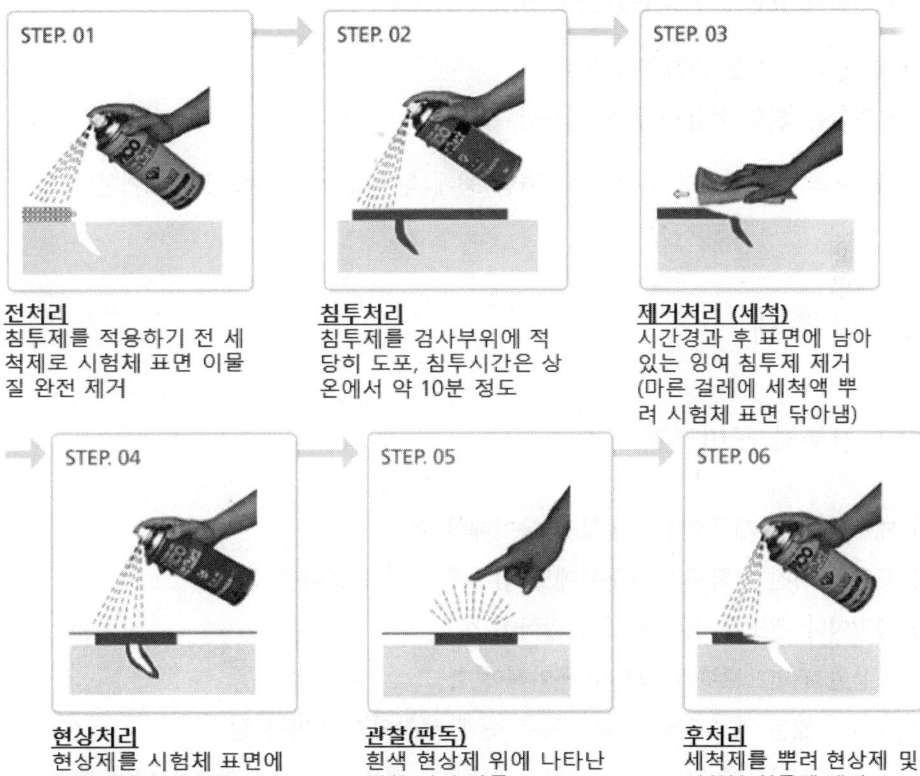

그림 19.1 액체침투 탐상검사 절차

1단계: 시험체 표면에 있는 이물질을 완전히 제거한다.

- 전처리 작업으로써 침투제를 적용하기 전에 실시한다.
- 이물질을 제거하기 위하여 정해진 세척제를 이용한다.

2단계: 침투제를 시험체에 적용하여 시험체 표면에 있는 결함을 포함한 불연속에 침투시킨다.

- 침투제는 침투능력을 갖추기 위해 낮은 표면장력과 높은 모세관현상 특성을 가져야 한다.

• 일반적으로 침투시간은 상온에서 약 10분 정도이다.

3단계: 시험체 표면에 남아 있는 잉여 침투제를 제거한다.

• 일반적으로 마른 걸레에 세척액을 뿌려 시험체 표면을 닦아낸다.

4단계: 현상처리를 한다.

• 시험체 표면에 현상제를 얇고 균일하게 도포한다.

5단계: 결함 지시를 관찰/판독한다.

• 결함은 흰색 현상제 위에 나타난다.

6단계: 세척체를 뿌려서 현상제 및 결함 등에 침투해 있는 침투제를 제거한다.

19.3 침투제

19.3.1 침투제 구비조건

1) 매우 미세한 개구부에도 침투가 용이해야 함
2) 표면이 거친 시험체의 개구부에도 침투제가 남아 있어야 함
3) 증발이나 건조가 너무 빠르지 않아야 함
4) 적용된 표면으로부터 제거가 용이해야 함
5) 얕거나 넓은 개구부에 침투된 경우 쉽게 세척되지 않아야 함
6) 미세한 개구부에 침투된 경우에도 현상제가 적용되면 쉽게 빨려 나와야 함
7) 얇은 도포막을 형성해야 함
8) 매우 얇은 도포막을 형성하는 경우라도 색채와 형광의 밝기가 유지되어야 함
9) 열, 빛, 자외선 환경에서도 색채와 형광이 유지되어야 함
10) 악취가 없어야 함
11) 시험체와 화학변화를 일으키지 말아야 함
12) 불연소성이라야 함
13) 유독성이 없어야 함
14) 가격이 저렴해야 함

19.3.2 침투제 종류

1) 수세성 침투제 (Water-washable penetrant)
   - 침투제에 유화제가 혼합되어 있어서 직접 물수세가 가능하다.
2) 후유화성 침투제 (Post-emulsification penetrant)
   - 침투제에 유화제가 혼합되어 있지 않아서 유화처리를 해야 물수세가 가능하다.
   - 침투성이 매우 강하다.
3) 용제제거성 침투제 (Solvent-removable penetrant)
   - 오직 용제를 사용해야 세척이 가능하다.

19.4 현상제

19.4.1 현상제 작용

1) 침투제 흡출 작용
2) 침투제의 퍼짐 및 분산 작용
3) 배경색과의 혼돈 방지 작용

19.4.2 현상제 구비조건

1) 입자가 매우 미세해야 함
2) 흡수력이 강해야 함
3) 주위 색깔과 구분되어야 함
4) 쉽고 균일하게 적용할 수 있어야 함
5) 표면에 균일한 피막을 형성해야 함
6) 형광침투제를 사용할 경우 현상제는 형광이 아니어야 함
7) 시험 후 쉽게 완전세척이 가능해야 함
8) 시험체나 시험장비에 유해하지 않아야 함
9) 무독성이어야 함

19.4.3 현상제 종류

1) 건식 현상제 (Dry developer)
   - 매우 가벼우며 흡수성이 강한 초미립 백색 분말형태이다.
   - 액체침투 탐상검사보다는 형광침투 탐상검사에 널리 사용한다.
2) 비수용성 습식 현상제 (Nonaqueous wet developer)
   - 현상제 분말을 휘발성 용제에 현탁하여 시험체에 적용하면 즉시 건조된다.
   - 형광침투제 사용 시 검도가 가장 높다.
3) 습식 현상제 (Wet developer)
   - 건식 현상제를 물과 혼합한 상태이다.
   - 침투제 제거 후 시험체의 건조과정 없이 직접 적용하기 때문에 검사가 간단하다.

19.5 시험장에서의 액체침투 탐상검사

19.5.1 준비물

액체침투 탐상검사에 대한 준비물은 그림 19.2에 나타나 있는 것처럼 세척제, 침투제, 현상제, 검사용 시편, 헝겊 등이다.

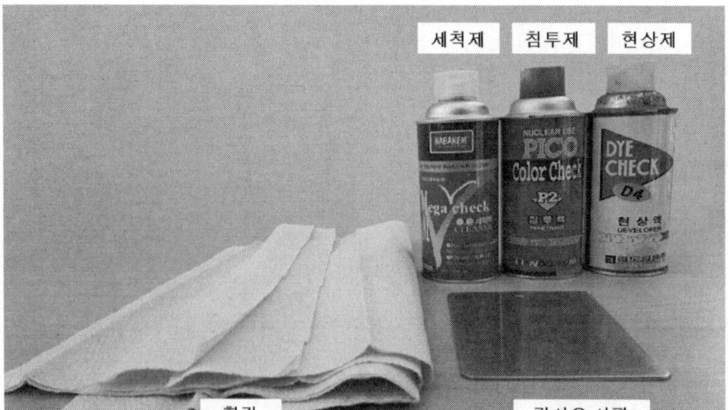

그림 19.2 액체침투 탐상검사 준비물

19.5.2 검사 절차

1) 검사물 표면의 이물질을 제거하기 위해 세척처리한다. 그림 19.3에 세척처리하는 과정을 나타냈다.

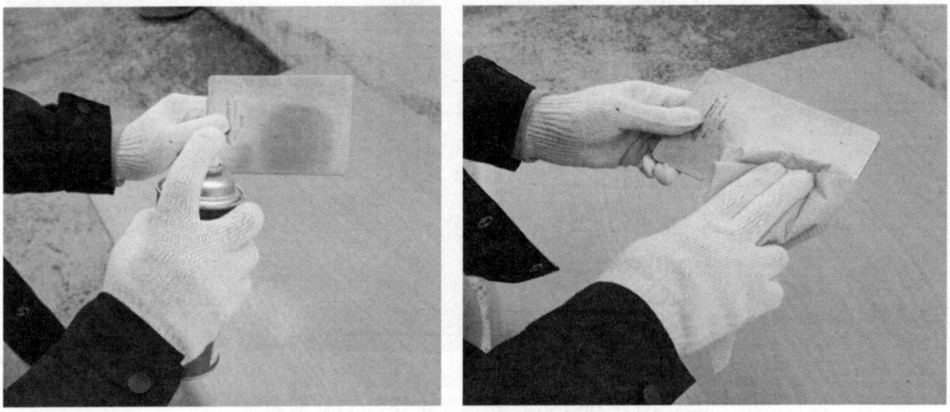

그림 19.3 세척처리 과정

2) 검사용 시편 표면으로부터 약 30 cm 떨어진 곳에서 시편 표면에 침투제를 고르게 분무한다.
   - 침투제가 결합부에 완전히 침투될 수 있도록 상온에서 약 10분간 방치한다. 방치하는 동안에 침투제가 건조된다. 그림 19.4에 검사용 시편에 뿌려진 장면을 나타냈다.

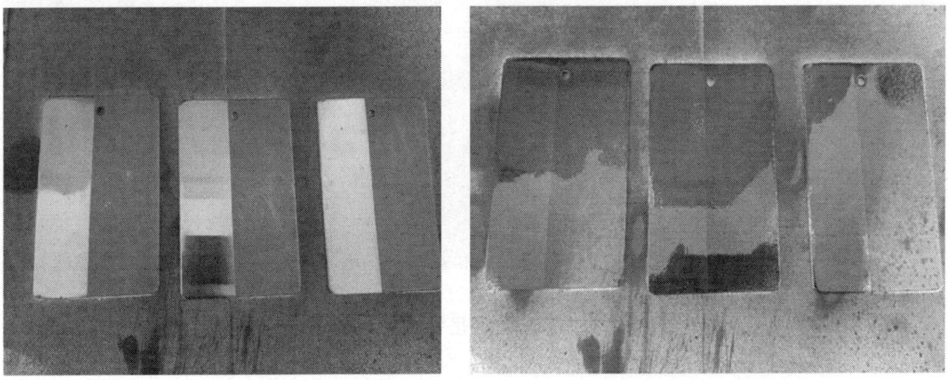

그림 19.4 검사용 시편에 침투제가 뿌려진 장면

3) 세척처리한다.

- 결함부에 침투되어 있는 침투제가 씻겨 나올 정도의 지나친 세척을 해서는 안 된다. 그림 19.5에 세척처리 장면과 세척을 마친 검사용 시편을 나타냈다.

그림 19.5 세척처리 및 세척을 마친 검사용 시편

4) 현상제를 균일하게 뿌린 후 자연건조시킨다.

- 현상제를 분무하기 전에 현상제가 들어있는 용기를 잘 흔들어 현상제가 잘 배합되도록 한다. 그림 19.6에 현상제가 뿌려진 검사용 시편을 나타냈다.

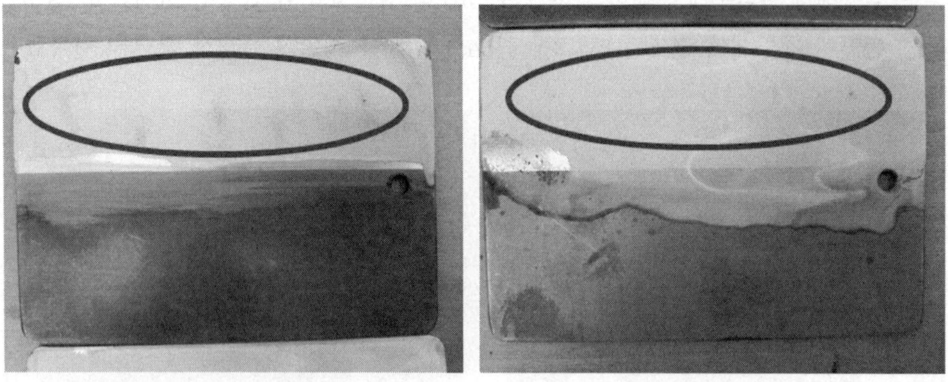

그림 19.6 현상제를 분무한 검사용 시편

5) 결함을 판독한다.

제20장

항공기 정비 일반

20.1 항공기 정비 일반

20.1.1 정비 목적

정시에 안전하고 쾌적한 운항을 위하여 항공기 품질을 유지 또는 향상시키는 것이 목적이다. 이런 목적을 달성하기 위한 점검(inspection), 청소, 수리 등의 작업을 총칭하여 정비라고 한다.

20.1.2 정비 방침

항공기 정비 목적을 달성하기 위해서 정비는 다음 방침에 따라 실시한다.

1) 감항성
항공기가 안전한 운항을 할 수 있도록 성능을 보장하는 것을 말하며, 안전운항에 있어 기본이 되는 것이다.

2) 정시성
운항의 정시성 확보를 위해 정확한 정비계획을 수립하며, 운항을 저해하는 원인이 되는 고장 발생을 사전에 방지하도록 노력해야 한다.

3) 쾌적성
고객에게 만족과 신뢰성을 주기 위하여 정비 분야에서는 승객 및 화물에 관련된 모든 장비가 충분한 성능을 발휘할 수 있도록 하며, 기내외의 청결은 물론 미관을 양호하게 유지시켜 고객에게 언제나 쾌적한 여행이 되도록 한다.

4) 경제성
감항성, 정시성, 쾌적성을 확보함에 있어 경제성에 입각하여 정비작업의 효과와 소요되는 경비를 항상 염두에 두어 최소의 경비로 최대의 효과를 얻을 수 있어야 한다.

20.1.3 정비 대상

1) 기체(airframe)
항공기에서 엔진 및 구성품을 제외한 기체와 모든 계통의 배선, 배관류 및 객실 내 장비를 포함한다.

2) 원동기(power plant)
엔진을 교환할 때 한 묶음으로 교환되는 부분으로써 엔진과 이에 장착된 장비품, 배관, 배선 등을 포함한다.

3) 부분품(component)
어느 정도 복잡한 기능이나 구조를 유지하고 있고 항공기에 대하여 장탈과 장착이 용이한 종합적인 장비품을 말한다.

20.2 정비작업의 구분

정비작업은 필요성과 지시방법에 따라 다음과 같이 구분한다.

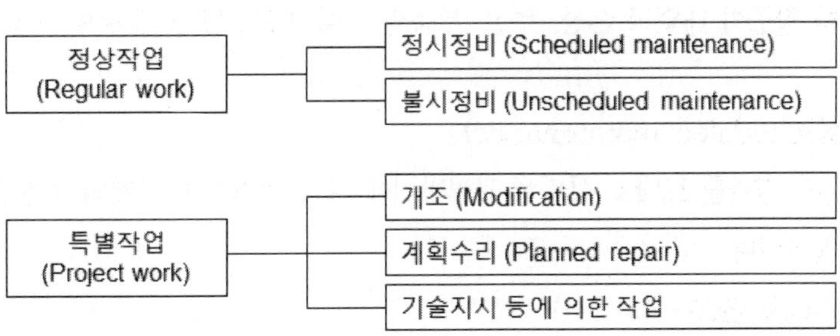

정상작업이란 정비 요목에 의거해서 일정한 기간마다 반복해서 작업하는 것을 말한다.

1) 정시정비: 일정한 간격으로 반복해서 정기적으로 수행하는 정비
2) 불시정비: 고장발생, 불량상태, 기타 항공기의 상황이 특정조건에 있는 경우 수행하는 정비

특별작업이란 항공기 안정성 및 기능향상을 위한 개조, 임시로 조치한 불량상태를 계획에 의거 수행하는 수리 등으로 기술지시에 의거 계획적으로 수행하는 정비를 말한다.

20.3 정비단계

20.3.1 기체 정비

1) 운항 정비(Line maintenance)

항공기의 계속적인 운항을 위해 발동기 및 부분품이 기체에 장착된 상태에서 수행하는 일상적이고 한정적인 범위의 정비 행위를 말한다.

- 중간점검(TR; Transit check)
  중간 기착지에서 다음 비행을 위해 연료 공급과 엔진오일 점검 및 출발 태세를 확인하는 점검이다.
- 일일점검(Daily check)
  그날의 최종 비행을 마치고 다음날의 비행을 위해 항공기의 결함 수정, 내외부 청소, 액체류 보급 및 결함교정 등을 수행하는 점검이다.
- 주간점검(Weekly check)
  7일마다 항공기 내외의 손상, 누설, 부품의 손실, 마모 등에 대하여 수행하는 점검이다.

2) 정시점검(Scheduled maintenance)

항공기 운영 결과를 토대로 신뢰성 관리방식에 따라 정해진 다단계의 일정한 주기에 행하는 예방정비이다.

- “A” Check (300~500 FH)
  빈도가 높은 정비단계로써 항공기 외부점검(walk-around inspection), 특별장비의 육안점검, 액체 및 기체류의 보충, 기내청소, 외부세척 등을 수행한다.
- “B” Check (300~500 FH)
  “A” Check의 점검사항을 포함하여 항공기 내외부의 육안검사, 특정 구성품의 상태점검 또는 작동점검, 액체류의 보충 등을 수행한다.

- "C" Check (3,000~5,000 FH/ 15M)
  기본 "A" 및 "B" Check의 점검사항을 포함하여 제한된 범위 내에서 구조 및 제 계통의 검사, 계통 및 구성품의 작동점검, 계획된 부분품의 교환, 보급(servicing) 등을 수행한다.
- "D" Check (15,000~25,000 FH/ 5Y)
  항공기 기체구조 점검을 주로 수행한다. 부분품의 기능점검 및 계획된 부품의 교환, 잠재적 결함교정 등을 행하며, 감항성을 유지하는 기체점검의 최고 단계이다.
- I.S.I(Internal Structure Inspection) (15,000~25,000 FH/ 5Y)
  감항성에 일차적인 영향을 미칠 수 있는 기체 내부 구조에 대한 샘플링 검사 및 수리작업이다.

20.3.2 원동기 정비

1) 상태정비(On-condition maintenance)
   엔진 주요 구성품의 상태를 점검하기 위해 주로 엔진 외부에서 일정시간마다 행하는 검사 및 점검 작업이다. 엔진을 보어스코프와 방사선동위원소(radio isotope) 등을 이용해서 엔진 내부 상태를 점검하여 필요한 작업을 수행하는 정비이다.
2) M.H.M(Module Heavy Maintenance)
   엔진의 구성품(module)별로 정해진 점검작업을 실시하기 위하여 일정시간에 기체에서 장탈한 다음 공장에서 수행하는 분해 정비 작업이다.
3) 엔진 오버홀

20.3.3 부분품 정비(Component maintenance)

1) 기능 점검(Bench check)
   해당 공장의 시험장비에서 부품 또는 구성품의 사용 가능 여부 또는 조기 수리, 오버홀이 필요한지 여부를 결정하기 위한 기능 점검을 말한다.

2) 수리(Repair)
   기능 점검 결과 고장 또는 불만족스러운 부분을 정비하여 그 기능을 복구시키는 작업을 말한다.

3) 부품 오버홀

공장정비에 있어서 최고단계의 정비이다. 제작회사의 수리방법에 따라 분해, 세척, 검사, 구성품 교환, 조립, 기능시험의 전 과정을 시행하는 정비를 말한다.

20.3.4 정비 방식

1) H.T(Hard Time Control)

사용한계 시간에 도달한 장비품을 항공기로부터 장탈하여 정비하거나 폐기하는 정비방법을 말한다.

2) O.C(On Condition)

일정한 주기로 점검을 실시하여 다음 주기까지 신뢰도를 유지할 수 있다고 판단되면 계속 사용하는 정비기법을 말한다.

3) C.M(Condition Monitoring)

장비품 고장 발생자료를 계속 수집 및 분석하여 그 원인을 제거하기 위한 적절한 조치를 취함으로써 항공기의 감항성을 유지토록 하는 정비기법을 말한다.

20.3.5 정비업무 및 작업 처리 기준

1) 규정 및 절차

- 정비규정

  항공안전법 및 동 시행규칙에 의하여 항공사의 항공기에 대한 정비 및 이에 관계되는 업무에 관한 정비기준 방법 및 관리절차를 규정 (국토교통부 인가사항)

- 정비업무규칙

  항공기 및 관련 장비의 효율적인 정비업무 수행 및 이를 뒷받침하기 위하여 항공사 전 정비부서에 부여된 지침 및 절차 등을 규정한 업무수행 절차이다.

2) 정비 매뉴얼

- AMM(Aircraft Maintenance Manual): 항공기의 모든 시스템 및 장비를 정비하는데 필요한 절차와 방법이 수록되어 있다.

- SRM(Structure Repair Manual): 손상된 구조 부재의 손상 허용범위, 수리자재, 수리 절차와 방법 등이 수록되어 있다.
- CMM(Component Maintenance Manual): 부품해당공장 작업자가 부품에 대한 정비작업 시 필요한 절차가 수록되어 있다.
- NTM(Nondestructive Testing Manual): 항공기 구조 또는 부품을 장탈 또는 분해하지 않고 내시경 또는 특수장비를 이용하여 손상 여부를 검사하기 위한 매뉴얼이다.
- WDM(Wiring Diagram Manual): 항공기의 모든 시스템과 장비의 전기/전자회로의 배선도를 수록하고 있다.
- IPC(Illustrated Parts Catalog): 항공사가 교환 가능한 항공기 부품을 식별하고 신청할 수 있도록 각 부분품에 대한 부품번호(part number)와 호환성 여부 등에 대한 정보를 수록하고 있다.
- FIM(Fault Isolation Manual): 발생된 결함에 대해 정비사가 고장탐구에 이용할 수 있도록 필요한 정보 및 절차를 명시하고 있다.

20.3.6 중요 정비 관련 용어 및 약어

1) Aircraft(항공기)

"항공기"란 공기의 반작용(지표면 또는 수면에 대한 공기의 반작용은 제외한다. 이하 같다)으로 뜰 수 있는 기기로서 최대이륙중량, 좌석 수 등 국토교통부령으로 정하는 기준에 해당하는 다음 각 목의 기기와 그 밖에 대통령령으로 정하는 기기를 말한다. (개정 항공안전법 참조)

가. 비행기

나. 헬리콥터

다. 비행선

라. 활공기(滑空機)

2) Airplane(비행기)

동력장치를 갖추고 비행에 필요한 양력을 주로 비행상태의 고정익에서 발생하는 공기역학적인 힘으로부터 얻는 중항공기(重航空機)를 말한다.

3) ATA(Air Transportation Association of America)

미 항공운송협회를 나타내는 약자이다. 여기에는 항공운송에 관한 여러 기준이 설정되어 있다. 기술자료의 기준 설정은 ATA Specification 100에 수록되어 있다. ATA Spec. 100은 ATA의 Engineering & Maintenance Committee에서 제작회사 발행 기술자료의 Specification을 심의 및 결정하며, 1956년 6월 1일 제정되어 현재까지 이용되고 있다. (그림 20.1 참조)

Chap.	Subject	Chap.	Subject
00	Air Vehicle General	51	Standard Practices – Structures
04	Airworthiness Limitations	52	Doors
05	Time Limits/Maintenance Checks	53	Fuselage
06	Dimensions and Areas	54	Nacelles and Pylons
07	Lifting, Shoring, Recovering and Transporting	55	Stabilizers
08	Levelling and Weighing	56	Windows and Canopies
09	Handling and Taxiing	57	Wings
10	Parking and Mooring	60	Standard Practices – Propeller or Rotor
11	Placards and Markings	61	Propellers and Propulsors
12	Servicing	62	Main Rotors
14	Air Vehicle Loading and Offloading	63	Main Rotor Drives
15	Aircrew Information	64	Tail Rotor
16	Change of Role	65	Tail Rotor Drive
18	Vibration and Noise Analysis and Attenuation	66	Folding Blades and Pylon
20	Standard Practices – Airframe Systems	67	Rotors Flight Control
21	Environmental Control	70	Standard Practices – Engine
22	Auto Flight	71	Power Plant
23	Communications	72	Engine
24	Electrical Power	72	Engine turbine/turboprop – Ducted fan/Unducted fan
25	Equipment and Furnishings	72	Engine Reciprocating
26	Fire Protection	73	Engine Fuel and Control
27	Flight Controls	74	Ignition
28	Fuel	75	Air
29	Hydraulic Power	76	Engine Controls
30	Ice and Rain Protection	77	Engine Indicating
31	Indicating and Recording Systems	78	Exhaust
32	Landing Gear	79	Oil
33	Lights	80	Starting
34	Navigation	81	Turbines
35	Oxygen	82	Water Injection
36	Pneumatic	83	Accessory Gearboxes
37	Vacuum	84	Propulsion Augmentation
38	Water and Waste	91	Charts and Diagrams
41	Water Ballast	93	Surveillance
43	Tactical Communications	94	Weapons Systems
45	Central Maintenance System (CMS)	95	Crew Escape and Safety
46	Systems Integration and Display	96	Missiles, Drones and Telemetry
47	Liquid Nitrogen	97	Image Recording
48	In-Flight Refuelling Tanker	98	Meteorological and Atmospheric Research
49	Airborne Auxiliary Power		

그림 20.1 ATA chapter No.

4) AOG(Aircraft On the Ground)
항공기가 정비상의 이유로 운항이 불가능한 상태로 지상에 주기하고 있는 상태를 말한다.

5) FAA(Federal Aviation Administration)
미 연방 항공국을 의미한다. 1958년 8월 1일 미국 내에 설치된 조직으로서 항공 기재, 공항, 항공관제, 항공의학 등의 기재, 시설 보안, 운항 면에서 감독을 맡고 있다.

6) AD(Airworthiness Directive)
해당 국가 항공국에서 항공기의 안전성에 긴급, 중대한 결함 발생 시 법적 구속력을 가지고 항공사(airline)에 개선 실시를 명하는 감항성 개선 명령을 말한다.
미국 항공국 발행은 FAA AD, 한국 항공국 발행은 KCAB AD라 한다. (그림 20.2 참조)

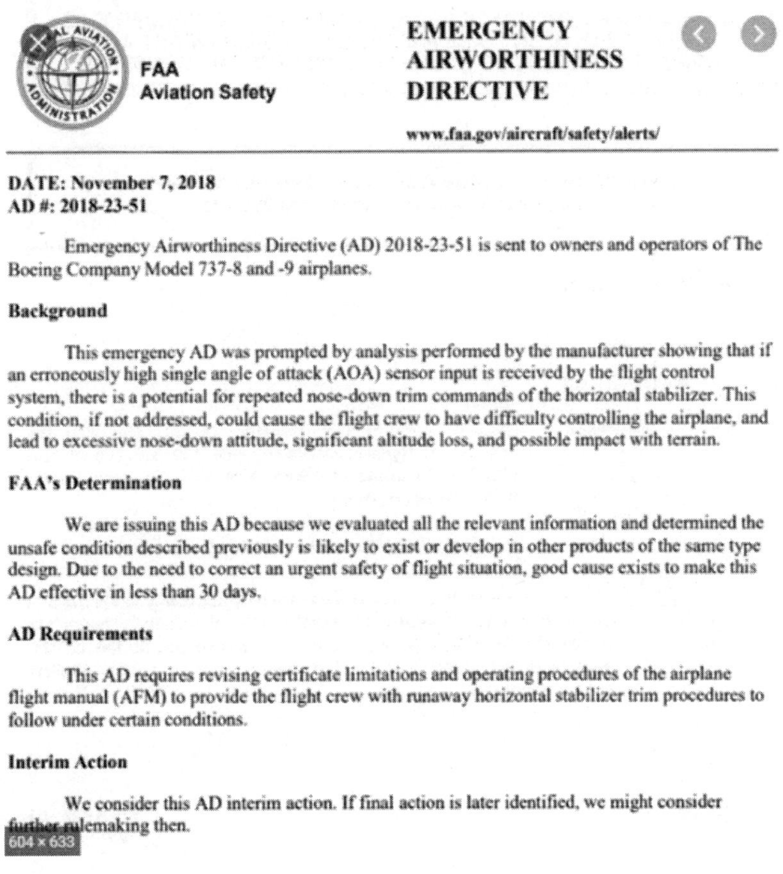

FAA
Aviation Safety

EMERGENCY AIRWORTHINESS DIRECTIVE

www.faa.gov/aircraft/safety/alerts/

DATE: November 7, 2018
AD #: 2018-23-51

Emergency Airworthiness Directive (AD) 2018-23-51 is sent to owners and operators of The Boeing Company Model 737-8 and -9 airplanes.

Background

This emergency AD was prompted by analysis performed by the manufacturer showing that if an erroneously high single angle of attack (AOA) sensor input is received by the flight control system, there is a potential for repeated nose-down trim commands of the horizontal stabilizer. This condition, if not addressed, could cause the flight crew to have difficulty controlling the airplane, and lead to excessive nose-down attitude, significant altitude loss, and possible impact with terrain.

FAA's Determination

We are issuing this AD because we evaluated all the relevant information and determined the unsafe condition described previously is likely to exist or develop in other products of the same type design. Due to the need to correct an urgent safety of flight situation, good cause exists to make this AD effective in less than 30 days.

AD Requirements

This AD requires revising certificate limitations and operating procedures of the airplane flight manual (AFM) to provide the flight crew with runaway horizontal stabilizer trim procedures to follow under certain conditions.

Interim Action

We consider this AD interim action. If final action is later identified, we might consider further rulemaking then.

604 × 633

그림 20.2 FAA AD Sample

7) SB(Service Bulletin)

기체(airframe)나 엔진 또는 항공기 부분품에 설계상의 결함이 있을 때 제작자가 발행하여 항공사에 통보하는 정비 개선 회보이다. (그림 20.3 참조)

BOMBARDIER

deHAVILLAND DASH 8

SERVICE BULLETIN

Customer Support

ATA SYSTEM: 5251 NUMBER: 8-52-61

BOMBARDIER AEROSPACE REGIONAL AIRCRAFT CONSIDER THIS SERVICE BULLETIN TO BE PARTICULARLY SIGNIFICANT AND URGES OPERATORS TO PROMPTLY EVALUATE THE CONTENTS

SUBJECT: Doors – Cockpit Door – Latch Block Replacement and Rework of Strike Plate – ModSum 8Q902145

1. PLANNING INFORMATION

A. Effectivity

Aircraft Affected:

In–Service: DHC–8 Aircraft Models 102, 103, 106, 201, 202, 301, 311, 314 and 315 Serial Numbers 452, 464, 490, 506, 508 thru 557 with Pre–Requisite ModSum 8Q900267 / Service Bulletin 8–52–58 incorporated.

Production: ModSum 8Q902145 is not applicable to production aircraft.

NOTE: The instructions in this Service Bulletin are only applicable to the systems and parts installed at the time of delivery on the aircraft or as changed by Bombardier Aerospace Service Bulletin(s). Before you do this bulletin, examine all STC or equivalent action changes to make sure this bulletin can be completed.

20 Oct 2006

S.B. 8–52–61
Page 1 of 10

그림 20.3 SB Sample

8) EO(Engineering Order)

정비작업에 있어서 정비규정 이외의 기술적 지시를 총칭한다. 항공기재의 개선, 계획적 대수리, One Time Inspection, 부품의 제작, 정비요목의 긴급한 실시 등의 특별작업지시에 EO를 이용한다

9) Squawks

비행 중에 고장이 있거나 작동상 이상한 부분이 있으면 승무원은 항공일지에 그 상태를 기입하여 정비사에게 전달하는데, 이 결함 등을 Squawks라고 한다.

10) Visual Check

항공기 상태를 점검하는 것으로 보조장치를 사용하지 않고 오직 육안으로만 점검하는 것을 말한다.

11) Repair

고장이나 파손된 상태(강도, 구조, 성능)를 원래의 상태로 회복시키는 것을 말한다.

12) ETOPS(Extended Range Operations with Twin Engine Airplanes / 쌍발 항공기를 이용한 장거리 운항)

쌍발 항공기가 운항 중 1개의 엔진이 작동하지 않을 시에 무풍 및 표준대기상태에서 순항속도로 착륙 가능 공항으로부터 60분을 초과하는 지점이 포함된 구간을 운항하는 것으로 해당 기종의 운항경험에 따라 75분, 120분, 180분 등으로 구분하여 인가된다.

13) MEL(Minimum Equipment List)

현대의 운송용 항공기는 시스템, 부분품, 통신 전자 장비 및 구조에 이르기까지 중요 부분에는 이중 또는 삼중으로 장치되어 있어 어느 한 부분이 고장 난 상태에서도 일정한 운항 상황까지는 감항성이 유지될 수 있도록 최소의 구비 장비 목록을 설정한 것으로 안정성이 보장되는 한도 내에서 정시성을 지키기 위해 항공기를 출발시킬 수 있다. 항공기를 출발시킬 수 있는 기준이 되는 근거 문서가 MEL이다. (그림 20.4 참조)

U.S. DEPARTMENT OF TRANSPORTATION
FEDERAL AVIATION ADMINISTRATION
MASTER MINIMUM EQUIPMENT LIST

AIRCRAFT: Beechcraft Model 200 and F-90	REVISION NO: 14 DATE: 09/16/2008			PAGE NO: 73-1
1. SYSTEM, SEQUENCE NUMBERS & ITEM	REPAIR CATEGORY	2. NUMBER INSTALLED	3. NUMBER REQUIRED FOR DISPATCH	4. REMARKS AND EXCEPTIONS
73 ENGINE FUEL & CONTROL				
1. Fuel Flow Indicators	B	2	1	(M) May be inoperative provided both Fuel Quantity Indicating Systems are operative.

그림 20.4 MEL Sample

14) CDL(Configuration Deviation List)

정시성 준수를 목적으로 항공기 외부 표피를 구성하고 있는 부분(access cover, caps, fairing 등) 가운데 훼손 또는 이탈(deviation) 상태로 운항할 수 있는 기준이 설정되어 있다. (그림 20.5 참조)

AIRBUS A320 AIRPLANE FLIGHT MANUAL	MASTER CONFIGURATION DEVIATION LIST AIR CONDITIONING RAM AIR INLET FLAP
21-01	Ram Air Inlet Flap

Ident.: MCDL-21-01-00006207.0002001 / 23 NOV 09 EASA APPROVED
Criteria: (SA and (26363 and A319) or (26363 and A320) or (26363 and A321) or A318))

21-01 RAM AIR INLET FLAP	Quantity installed 2

All may be missing.
Note: *System performance in heating mode will be decreased.*

- **Performance:**

  The following performance penalties are applicable per missing flap:
  - Takeoff and approach climb performance limiting weights are reduced by 190 kg (418 lb)
  - En route performance limiting weight is reduced by 216 kg (476 lb)
  - Fuel consumption is increased by 0.53 %.

Refer to MCDL-21-01 Illustration Ram Air Inlet Flap

그림 20.5 CDL Sample

15) 정비이월(Carry Over)

항공기는 기체나 각 계통 및 부분품들이 정상적인 상태로 유지되어야 하고 결함 발생 시 수리 또는 교환 등의 결함 교정을 수행함이 원칙이지만, 감항성에 영향을 미치지 않고 직접 운항에 지장이 없는 불량 상태가 있을 때 또는 지상 체류시간(ground time)이 부족할 때는 경우에 따라 정비를 이월할 수도 있다.

- Defer(일시 정비이월): 주로 지상대기시간, 인원, 시설, 장비, 자재 등의 사정으로 계획 출발시간 내 결함 수정이 어려운 경우 당일 최종 비행 후 또는 모기지로 귀한 후까지 일시 이월하는 것.
- Carry Forward (정상 정비이월): 부득이하게 일시정비이월 기간 내에 결함 수정이 불가능할 경우 정상 정비이월한다. 결함은 자재, 시설, 장비, 인원 등이 충족되는 대로 수행하여야 한다.

16) Weighing

Weighing이란 항공기 무게를 측정하는 것을 말한다. (그림 20.6 참조)

그림 20.6 Weighing

17) Parking

Parking이란 항공기를 지상에 주기시키는 것을 말한다. 타이어 전후방에 고임목(chock)을 받친다.

18) Mooring

Mooring(계류)이란 강풍이 예상될 때 항공기를 지상 계류점(mooring point)에 묶는 것을 말한다. (그림 20.7 참조)

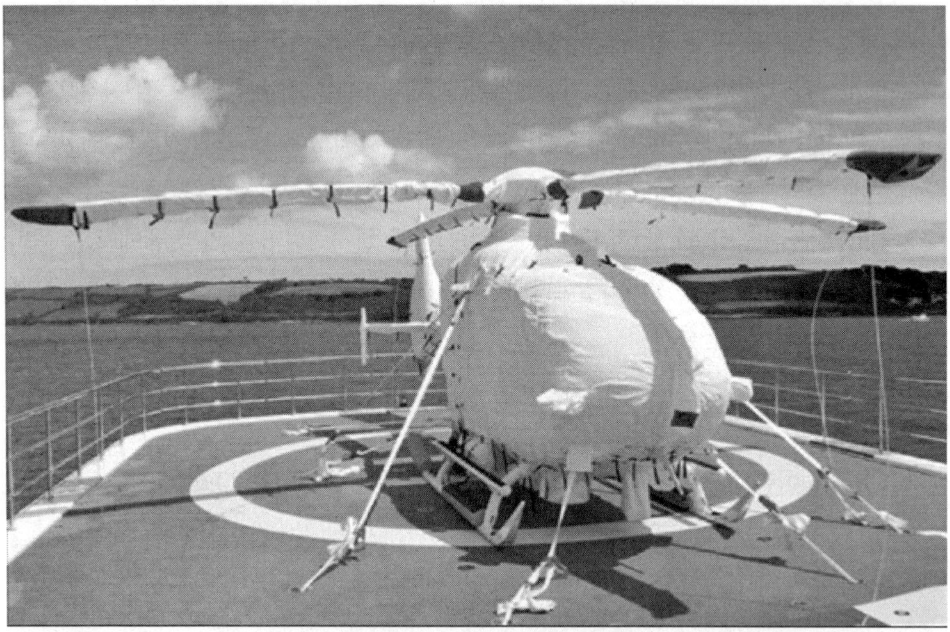

그림 20.7 Mooring

19) 보급(Servicing)

항공기에 액체나 기체(fuel, water, hydraulic fluid, oil 등)를 보충하는 것을 말한다.

INDEX

항공기관 실습

지은이 정연학 · 이병은
펴낸이 조경희
펴낸곳 경문사
펴낸날 2020년 9월 1일 1판 1쇄
2024년 6월 17일 1판 3쇄
등 록 1979년 11월 9일 제1979-000023호
주 소 04057, 서울특별시 마포구 와우산로 174
전 화 (02)332-2004 팩스 (02)336-5193
이메일 kyungmoon@kyungmoon.com

값 18,000원

ISBN 979-11-6073-386-0